基礎からわかる！野菜の作型と品種生態

山川邦夫
［著］

農文協

はじめに

出荷が少ない旬の走りや、逆に遅めにずらしたり、それらを組み合わせて切れ目なく出し続けたりする工夫が、いま直売所などで盛んだと聞きます。また、資材、施設をできるだけ使わず自分も作物も無理せず作りたい、と考えている人も多くいます。もとより、周年供給を担う各産地では、川下から求められるだけの量を、いかに安定的に出荷するかで日々知恵を絞られていることと思います。

そうした野菜作りのさまざまな狙いや工夫を凝らすうえできちっと押さえておきたいのが「作型」です。

作型というと、ハウス栽培とか養液栽培などの環境調節技術をまず思い浮かべる人がいますが、作型は野菜の栽培期間中の自然環境（おもには気候になりますが）に適応した総合技術体系で、環境調節とともに品種選びも大きな技術の柱になります。この技術体系、作型について、もっと私たちはイメージ豊かになってもいいのではないか、というのが本書のメッセージになります。

つまり、タネ袋の裏に書いてあるまきどきや作型表にまかせておしまいでも、できあいの品種選択で間に合わせてしまうのでなく、地域ごとに異なる自然条件下で栽培の可能性を広げていく、そのための基本となる野菜・品種の生態的特性と、環境調節の各技術、そしてそれぞれの作型を解説したのが本書です。作物・品種の生態を知り、地域の気候条件と会話をすれば、自分の作型デザインも始められます。本書がそのために少しでも役にたてば幸いです。

本書はタキイ種苗㈱が発行する栽培情報誌『園芸新知識・タキイ最前線』に二〇一〇年春号から二〇一五年秋号まで「野菜の作型と品種生態」として二三回にわたって連載したのをまとめたものです。その印刷データを快く提供頂いたタキイ種苗、また本書の発行元を引き受けて下さった農文協にあらためて感謝申し上げます。

二〇一五年十一月

著者識

目次

総論

各論

1

作型とは
古くて新しい野菜の総合的生産技術体系

「作型」とは何でしょうか？

南北に長く、四季の変化が激しい日本では、作物を作るのに適した気候が各地で異なります。作物に無理をさせず、最も作りやすい時期に生産できる作型は、その作物の「旬」だといえます。つまり、作物がおいしい「旬」は地域ごとに異なるのです。旬に作ることで、加温したり、無理な作型で病害防除に追われたりすることも少なくなります。作りやすい作型を理解することは、「エコロジー」にもつながるのです。

旬の作型を知るには、まず各作物が持つ生態を理解することです。生態を知り、地域の気候条件と会話をすれば、作型のデザインが始められます。作型が広がることがあるかもしれません。タネ袋の裏や本書で紹介する品種の作型表は、一つの目安でしかありません。その品種が、その土地で本当に適した作型、つまり「旬」は、そこに住むご自身で探っていただかなくてはならないのです。

本書ではいま一度基本に立ち返り、作物の生理・生態から解説することで、作型を理解いただく一助になればと思います。

「作型」の提言を
大きく７項目に分け、
解説して
いきましょう！

本書の主題となる「作型」は、バイオテクノロジーのような新しい技術ではなく、提唱されてから50年以上たった、古典的ともいえる考え方です。しかし、すべての産業で地球環境保全が要求されている現代において、太陽エネルギーを最大に利用できる作型の意義は、一層重要になっているものと考えます。

「作型」の提唱者は熊沢三郎先生（１９０３～１９７９）で、昭和の野菜研究における天皇とまで呼ばれた、卓越した指導者です。不肖、私は熊沢先生最後の弟子の一人です。

作型元祖の提言ですから、次にそのまま引用させていただきます（蔬菜園芸各論、1956より）。

蔬菜（著者注、栽培野菜と同義）は**周年的供給（注①）**に必要にして**経済的に可能な（注②）**作付が成り立っている。それぞれの作付に対して可能な範囲において、**適温地帯、適土地帯（注③）、適品種（注④）**が選択され、**防寒、防暑、被覆（注⑤）**、潅水、施肥、病虫害防除、その他の**管理方法（注⑥）**が取捨される。その取捨選択の結果が総合されて、各作付ごとに大なり小なり**ある程度独立した（注⑦）技術体系（注⑧）**を作り上げることになる。筆者はかかる技術体系の分化を尊重して、これを作型と呼ぶことを提唱したい。

この提言中の注を利用しながら、私流に補足すると以下のようになります。

作型は技術体系

作型とは**技術体系（注⑧）**のことです。よく「ハウス栽培」や「養液栽培」を作型のように扱っている例が見られますが、これらは潅水や施肥などと同様、熊沢提言中の**管理方法（注⑥）**に当たるもので、技術体系である作型構成技術の一つです。

このように「作型」は本来、園芸の専門用語なのですが、現在では一般語のようにいろいろな意味に使われており、作型の意味を正しく理解している人は案外少ないように思います。

自然環境の重視

熊沢提言に**注③「適温地帯、適土地帯を選び」**とあるように、作型は自然環境の利用が基本です。

新しい農業形態として紹介されることの多い植物工場（野菜工場）は、土壌はもちろん、太陽光も使用しない完全な人工環境下での栽培です。

この植物工場が自然征服型だとすれば、作型による野菜生産は自然活用型といえます。通常では栽培できない季節も、環境調節によって栽培可能とし、無栽培状態では無駄になる太陽エネルギーを、年間でフルに活用することができます。

作型はなぜ野菜に必要なのか？

自然環境だけに頼るのでは、野菜の生産時期は限定されてしまいます。しかし、珍しい時期の野菜は尊重されます。

そこで、寒さを嫌う果菜類においては、比較的古くから温床育苗による早出し栽培が始められました。これが「早熟作型」と呼ばれるものです。戦後、特に昭和30年代には、ビニールなどプラスチックの利用が一般的となり、その後ハウスが大型化され、さらには石油暖房も始まって、冬季を通じ野菜が生産されるようになりました。一方、暑さを嫌う野菜では高・寒冷地での生産が、道路整備とトラック輸送の普及によって発達しました。このように、現在、主要野菜では周年的栽培が当たり前と

↑高・寒冷地での自然環境を生かした生産が行われるレタス。

↑ハウスなどの管理方法により、年間を通して出荷されるトマト。

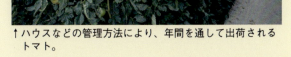

なっています。

消費者にとって重要なのは、熊沢提言の注①「周年的供給」です。では、そのためにどうして周年的栽培が必要なのでしょうか？　例えば米は周年供給されますが、栽培は夏を中心とした一時期だけです。野菜の周年的栽培が必要な理由は、米が貯蔵可能なのに対し、多くの野菜は生鮮貯蔵ができないためです。

生鮮貯蔵が
できない野菜では、
細かい作型分化により
周年的供給が
可能になりました。

作型の主要構成技術

「作型は総合技術体系である」と述べましたが、その構成技術の中で主要な柱の一つが環境調節技術です。熊沢提言の中では**防寒、防暑、被覆**（注⑤）が入っていますが、その後に環境調節技術は急速に進歩し、現在では気温だけでなく光調節にまで広く及んでいます。

そして、作型のもう一つの主柱が、熊沢提言の注④「品種選択」です。適した既存品種がない場合には、品種改良が必要となります。環境調節が環境を変えることなのに対し、品種選択（改良）は野菜の生態、つまり環境に対する野菜の反応様式を変えるものです。学問的には前者が物理学的、後者が生物学的と異質のものですが、相補う技術として作型の二本柱となっています。「品種」の重要性については、次項以降の解説で「生態」とともに説明していきたいと思います。

1
2
3
4
5

↑「作型」を担う品種選択には、品種改良が必要な場合もある。写真1より「耐病総太り」：F_1青首ダイコンの先駆け品種、2「ハウス桃太郎」：完熟出荷が可能な「桃太郎」トマトのハウス用品種、3「千両二号」：夏秋栽培用の定番ナス品種、4「春笑」：極晩抽で春どり栽培が可能なハクサイ、5「向陽二号」：春まき、夏まき兼用のニンジン。

作型は経済的生産が条件

熊沢提言の注②にあるように、経済的に成り立つことが作型の前提です。そこで、作型の成立には立地条件が重要になります。熊沢提言注③「適温地帯」の選択がそうです。例えば、加温栽培では暖地の方が暖房費を安くできるので有利です。逆に、夏の暑さを嫌う野菜には高冷地や東北、北海道が適しますが、その場合には輸送コストを考えなければなりません。そして、暖房費にも輸送費にも石油価格が関係します。

このように、同じ作型（技術体系）を使っても、その実用性が地域によって、さらには社会・経済情勢によって変化することがあります。今後、一層の二酸化炭素削減が時代に要請されるならば、野菜作型においても省エネ「エコ作型」が今以上に推奨されるかもしれません。

→作型は経済的に成り立つことが条件。環境調節技術や品種選択も大切だが、輸送コスト面から、今後は省エネタイプの作型が推奨されることも考えられる。

→作型が播種期によって呼ばれるのが一般的なキャベツ栽培。

作型はなぜ「型」か？

作型はその作付け中の自然環境に対応するものなので、自然環境が類似すれば同じ作型を適用できるはずです。自然環境の中で最も重要なものは気候であり、正確にいえば、播種から収穫までの気候推移です。たとえ栽培期間中の平均気温が同じであっても、3月まきの7月どりと8月まきの12月どりとではまったく違います。地域が異なっても、栽培期間中の気候推移が類似していれば、春なら暖地では早く、冷涼地では遅く、秋ならそれらの逆というように、播種期をずらすことにより、同じような技術体系を適用することができます。

一定範囲内の気候推移に適用できる技術体系を一つの作型だとすれば、熊沢提言注⑦にあるように、その作型は異なるパターンの気候推移に適応する作型とは**「ある程度独立し分化した」**ものとなります。こうしたいくつかの作型のリレーにより、日本での周年供給は成り立ちます。

「作型は、一定範囲内の気候推移に共通して適用できる」という意味で、類型の型の字を使ったものと考えます。

作型の幅と名称

作型を分類する際、どの程度細かく分けるかに一定の決まりはありません。時により細かく分類する場合もありますが、一つの野菜に10以下であることが普通です。

作型の名称も決まっているものではありませんが、周年供給のために環境調節の欠かせない果菜類などでは、「早熟」……育苗期間のみ保・加温する、「半促成」……栽培期間の前半を保・加温する、「促成」……全栽培期間を保・加温する、「抑制」……露地栽培の収穫期を遅らせ、必要なら晩秋に保・加温するなど、主として環境調節法による名称を使っています。

これに対してキャベツやダイコンのように、適地と品種を選ぶだけで周年栽培ができる野菜の作型では、「秋まき」「春まき」など播種期によって呼ばれるのが一般的です。収穫期で分けた方が便利なように思いますが、収穫期は同じでも使う品種や環境調節法が異なる場合があり、一つの作型とは呼べないことがあります。

作型を一言でいえば…

以上を要約すれば、野菜の作型は「栽培期間中の環境推移（気候が主）に適応する生産技術体系であり、その柱は品種選択（改良）と環境調節である」といって、ほぼ間違いないと思います。

「作型」とは
どういうものかを、
まずまとめてみました。
次は作型を成り立たせる上で
重要な、野菜の品種、生態に
ついてお話します。

2

品種・生態とは

栽培の幅を広げるための基礎知識

ここでは
作型を成り立たせる
野菜の品種と
生態について
解説します

前項では、野菜の作型は「栽培期間中の気候推移に適応する生産技術体系で、その柱は品種選択・改良と環境調節である」と結論しました。

作型と品種

作型の柱の一つである「環境調節」は、寒さや雨を防ぐ被覆が基本となり、加温、換気、光調節、水管理などがそれに加わります（詳細は80ページに譲ります）。

作型のもう一つの柱である「品種選択・改良」の重要性は、環境調節に比べて軽視されることが多いようです。「作型といえば環境調節法である」と考えている人も珍しくありません。その最大の原因は、現代では農家でも種子（あるいは苗）を購入することが多く、種苗商の説明とカタログや種子袋などの案内により、その作型に適した品種を選択することさえできれば、その後の作型技術は環境調節が主体となるからです。しかし、残った種子をほかの季節に使ったりすると大失敗となります。

大面積が必要な農作物では経済的な環境調節が困難で、露地栽培が主体となり、作型の主体は品種選択となります。露地栽培が可能な野菜の代表格にダイコンがあります。冷涼を好むため、昔は秋から冬に収穫する栽培がほとんどだったものが、すでに江戸時代には秋冬ダイコンに加え、春ダイコン、さらには夏ダイコンの品種が分化し、現在の作型の大枠が成立しました。

さて、作型で重要な品種特性の中身ですが、普通、品種といえば色、形、味などの違いがまず頭に浮かびます。色や形は外観ですし、味も糖や酸の種類と量までさかのぼれば、物質的形質といえます。しかし、作型で重要な品種特性はこうした形態的・物質的形質ではなく、品種生態です。

↑露地栽培が可能なダイコンでは、品種分化により作型が広がった（写真は春ダイコンの「つや風」圃場）。

生態とは?

この連載で対象とする「生態」は、エコロジーの日本語訳に由来します。「エコ」は本来環境を意味する語ですが、最近すっかり有名になりました。例えば、地球温暖化が大問題となり、二酸化炭素削減策としてエコカーやエコポイントなどが連日話題になっています。

エコロジー（生態学）は、生物とそれを取り巻く環境との関わりを対象とする学問です。エコシステムや生態系という言葉をよく耳にしますが、これは当該地域の環境とそこに生息する生物群相互のバランスと安定性を意味しています。

野菜は野生植物と違って人間が保護してくれるので、ほかの植物（雑草など）との競合や鳥、獣の食害など、生物群相互の関係はさほど重要ではありません（強いていえば病原菌や害虫がありますが、今回は取り上げません）。

作型における品種生態の意味は、「気候を主とする環境への品種の反応様式」といえます。

生存のための生態反応（花成《かせい》と休眠《きゅうみん》）

地球にはいろいろな地域環境がありますが、熱帯雨林などの一部を除くと、1年中植物が生長できる地域は少ないのです。日本の夏、冬の気温は相当厳しいものですが、もっと寒い、あるいは暑い地域はいくらでもあります。また幸い、日本は水には恵まれていますが、世界には植物の育たない乾期のある地域が多くあります。

植物は動物のように移動したり、

植物の生存に
必要な反応は「花成」
（花の生育プロセス）と
「休眠」（養分をため、
生長を中止する）です。

避難場所を作ったりできないので、その場で対応するしかありません。生育様式を変化させるのです。

不良環境期を避けて種子を残す、あるいは株自体が生き延びるための生育様式変化として、「花成」と「休眠」があります。いずれも植物の生存に必要な反応です。

植物には1年内外で種子を作り、その後は枯れてしまう1・2年生植物（2年生植物は越冬する）があり、多くの野菜がこれに属します。これらの植物では種子を作ることが種《しゅ》保存の必須条件です。

種子を作るためには、まず花を作らなければなりません。植物は発芽後、当分の間は栄養器官（根、葉、茎など）だけを作りますが、ある程度生長すると、適当な環境下で生殖器官（花、果実）を作り始めます。花の生育プロセスを「花成」と呼びます。花成開始から種子完熟までには一定期間を要するので、適当な時期に「もう花成を始めなければいけないぞ」という情報を、その時の環境から植物が受けなければならないわけです。

一方、植物には栄養器官がそのまま長年にわたって生きる多年生植物があり、野菜にも多くあります。多年生植物は不良環境に耐えて越年しなければなりません。そのための生育様式変化が「休眠」です。特定の器官に養分をため、生長を中止し、消耗を防ぐなどして不良環境に耐えるのです。

休眠態勢を完了するためにも一定期間を要するので、植物は適当な時期にその時の環境から「休眠準備に入れ」というシグナルを受ける必要があるのです。

↑種子を作るためには、まず花を作らなければならない。
写真1は果菜類のトマト。花が咲き、受粉してから着果するので花成が必要。
写真2〜4は順にタマネギ、ダイコン、ニンジン（蕾状態）の花。花成に入るとトウが立ち花が咲くが、可食部の肥大と品質が劣化する。

作型における花成と休眠

このように花成や休眠は野生植物の生命維持に必要な生態反応ですが、野菜も自然植物から改良されたものなので、花成や休眠といった基本的生態は維持しています。

花成や休眠は野菜の種類や作型によって、ある場合には有益な、またある場合には有害な反応になります。そこで、これらの生態反応についての品種改良と選択により、作型が拡大するわけです。

まず花成ですが、果菜類では花成が必要なことはいうまでもありません。逆にキャベツやダイコンなどの葉根菜では、花成に入ると葉ができなくなり、その上トウ（花茎）が立って可食部の栄養を消耗し、品質を劣化させるので、花成は避けなければなりません。「トウが立った」という状態は、野菜にとってはダメなのです。

実際に果菜類には四季を通じて花成が起こるような植物が当初から品種改良に利用されているので、花成の有無・遅速は、かえって葉根菜栽培で重要になっています。

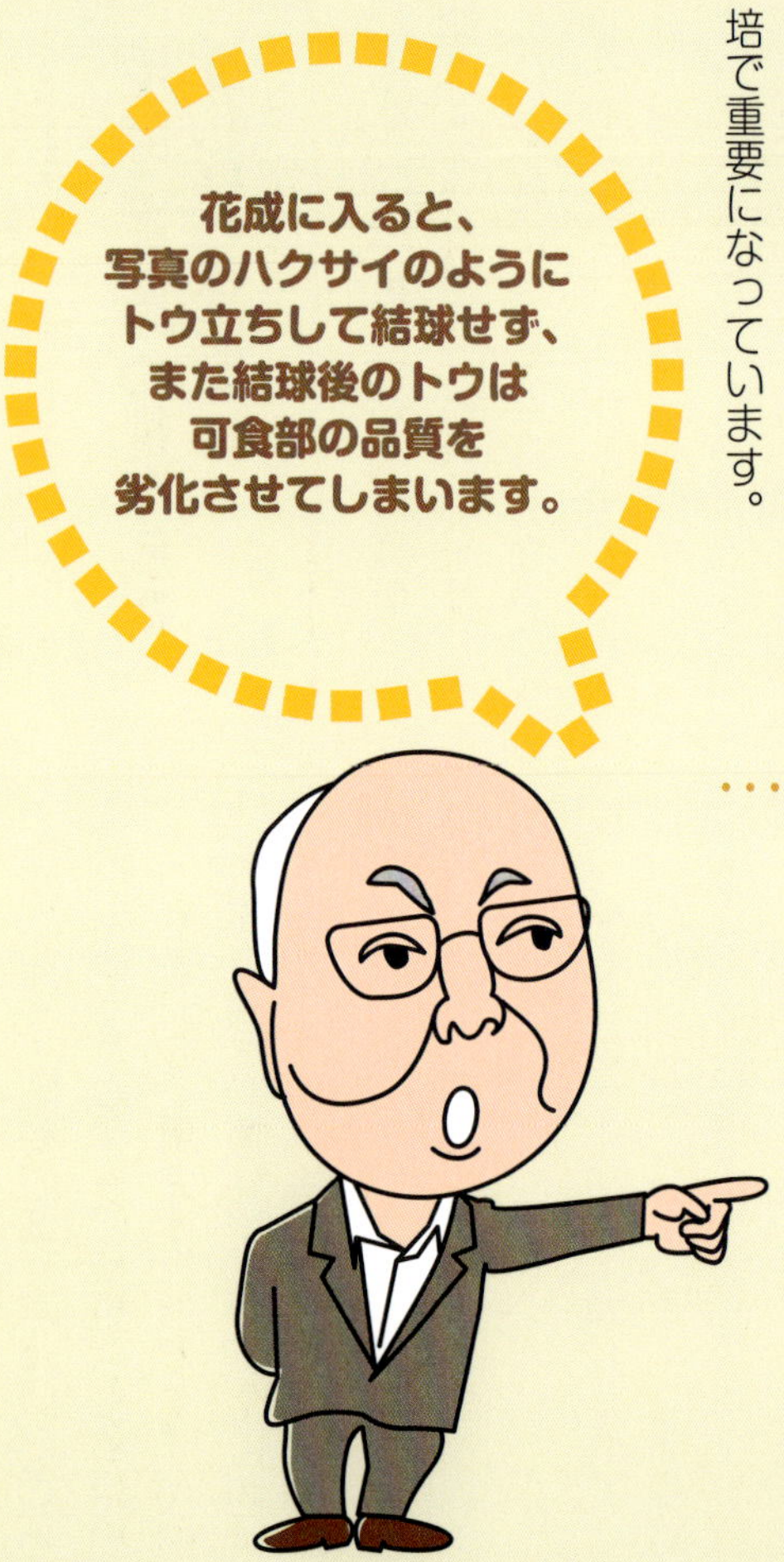
花成に入ると、
写真のハクサイのように
トウ立ちして結球せず、
また結球後のトウは
可食部の品質を
劣化させてしまいます。

↑ハクサイ球内での花茎伸長。

↑ハクサイ結球前のトウ（花茎）立ち。

次に、休眠が関与する野菜としてタマネギがあります。タマネギの玉は一見根に見えますが、実は葉の基部が肥大して球状となったものです。タマネギは日長が長くなると肥大を始め、球完成後の高温期に休眠します。同類のものにラッキョウ、ニンニク、ワケギなどがあります。

これとは逆に、寒さをよけるために休眠する野菜はアスパラガス、フキ、ウドなどがあり、いずれも休眠明けに勢いよく出る若い芽を食べる野菜です。

環境の主役：気温と日長について

花成や休眠の開始時期など、生育変更の必要性を植物に知らせ、そのプロセスを推進する環境要素が主として気温と日長です。

四季といえば、我々はまず気温が頭に浮かびますが、暦の夏至、冬至などは真夏、真冬の約1カ月以前にやってきます。我々にとって暦の四季、つまり日長の四季は、気温の四季の前触れとなっています。まさしく植物にとっても日長変化は気温変化の前触れなのです。

↑タマネギは玉が肥大した後に休眠するので、長期保存が可能。

前述のように花成や休眠は、暑くなった、あるいは寒くなってから準備を始めても遅い場合が多いので、気温とともに日長が関与することによって花成や休眠のプロセスを推進し、不良環境到達前に種子形成や休眠態勢を完了させることができるわけです。

日長、気温が別々に働くわけではなく、多くの場合は複合的に働き、多くの葉根菜の花成には、まず低温、続いて長日・高温という順序で推進されます。

作型に関連する生態反応には、花成、休眠のほか、花成と関連してキュウリなどの雌花・雄花比率、栄養器官の形態については結球性、根肥大性などが重要ですが、これらはそれぞれの野菜の稿に譲ります。

温度適性は品種対応が難しい

皆さんの中には、花成や休眠の重要性は分かったが、寒さや暑さに強いことがもっと重要だろうと思う方が多いと思います。その通りなのですが、正直いって品種改良が難しいのです。冬でも露地で栽培できるトマトやキュウリの育成は、永久に夢でしょう。現在でも耐暑・耐寒性に品種間差はありますが、生育温度の改良というよりも、休眠性のほか早生性などが間接的に関与している場合が多いのです。

花成、休眠といった生育様式転換についての品種改良は、多分、関与する遺伝子の数が生育温度に関与する遺伝子の数よりも少ないからでしょうか、気温適性についての改良より容易です。

まとめ：作型における重要事項…花成と休眠

野菜の生態とは自然環境に対する野菜の反応様式で、中でも重要なものとして、植物の生存に必要な花成と休眠があり、ともに野菜作型においても極めて重要な事項です。花成や休眠など、植物の生態反応に関与する自然環境の主役は、気温と日長です。

環境と生態反応についての
具体的説明は
個々の野菜により異なるため、
次項で野菜の種類や
起源などの概略とともに
考察します。

3 作型を理解するために必要な野菜の特徴

前項は野菜作型における生態の意味を説明しましたが、その具体的内容は野菜の種類ごとに異なります。野菜個々の解説に入る前に野菜全体について、作型を理解するために必要な特徴を述べておきます。

野菜とは

もちろん、野菜という名前の植物があるわけではありません。野菜とは植物学的に見た種類ではなく、利用面から見た植物の集まりです。利用には消費サイドと生産サイドの両面があります。

消費者から見ると「青物で買って家庭で生食・調理、あるいは簡単な加工（漬物など）をして、主として食事のおかずとして利用するもの」が普通の野菜でしょう。

"野菜"とは何でしょう？
知っているようで
知らない、あるいは
分かりにくい部分を
やさしく解説して
みます。

メロンやスイカは消費者から見ればば野菜というより果物という印象ですが、生産サイドでは野菜として扱われます。これは耕地利用の融通性の差が影響していると思います。メロンなどは作付け期間が短いので、ほかの野菜や畑作物に次々と切り替えることができます。これに対して、果樹や茶は耕地を長年にわたり独占するので、これに沿った農業経営となります。

作型は生産サイドの技術体系であることから、本連載ではメロンやスイカ、さらにはイチゴなども野菜に含めます。

昔は栽培野菜を「蔬菜《そさい》」と呼んで、

消費サイドでは果物という認識だが，生産サイドでは野菜として扱われるメロンやスイカ、イチゴ。

自然の山菜などと区別していましたが、「蔬」の字が当用漢字に含まれないこともあって、現在では栽培の有無にかかわらず「野菜」と呼ばれるようになっています。

このように野菜は利用面での呼称ですから、植物分類名とは異なる場合があります。例えばエダマメの植物名はダイズです。幼い豆を食べる時は野菜で、完熟ダイズは穀物になります。同様にスイートコーンは野菜で、植物名はトウモロコシ、完熟すれば穀物です。

同じ野菜名を持ちながら、植物学的には複数の種《しゅ》を持つものもあります。例として、現在のカボチャは大部分が以前は西洋（洋種）カボチャと呼ばれていたものですが、戦後までは日本（和種）カボチャが主でした。現在では日本カボチャは黒皮カボチャなどが料亭和食などで利用される程度になっています。西洋カボチャと日本カボチャは近縁ですが、別種の植物です。これとは逆に、一つの種の中に複数の野菜があるものも多くあります。

次ページの**図3－1**は野菜の植物学的系統図です。大きな枝として左下方から時計回りにユリ科、マメ科、アカザ科、アブラナ科、セリ科、ナス科、ウリ科、キク科などがあります。

大部分の野菜は一つの植物種に対応しますが、楕円《だえん》枠が重なりあっている野菜は同じ植物種に属するグループです。アブラナ科の中にはキャベツのグループとハクサイのグループがあり、それぞれ重要な野菜を含んでいます。

以前の分類ではこれらグループ内の野菜、例えばハクサイとカブは別の種になっていたのですが、現在の分類では互いに交雑できる植物は一つの種とするのが原則で、ハクサイとカブは互いに交雑するので同一種になったわけです。

野菜の植物学的分類について少し詳しく説明した理由は、植物学的分類で近縁の植物は、花成《かせい》などの生態においても類似することが多いので、野菜の類縁関係を知ることにより、極めて多数の野菜の生態を個々にではなく、体系的に理解することがで

利用面での呼称と植物名が異なる野菜。野菜名…エダマメ（左）と、スイートコーン(右)。

同じカボチャという植物名だが、別種の西洋カボチャ(左)と日本カボチャ(右)。

図3-1　野菜の系統図
（野菜試験場、1987を参考に一部変更）

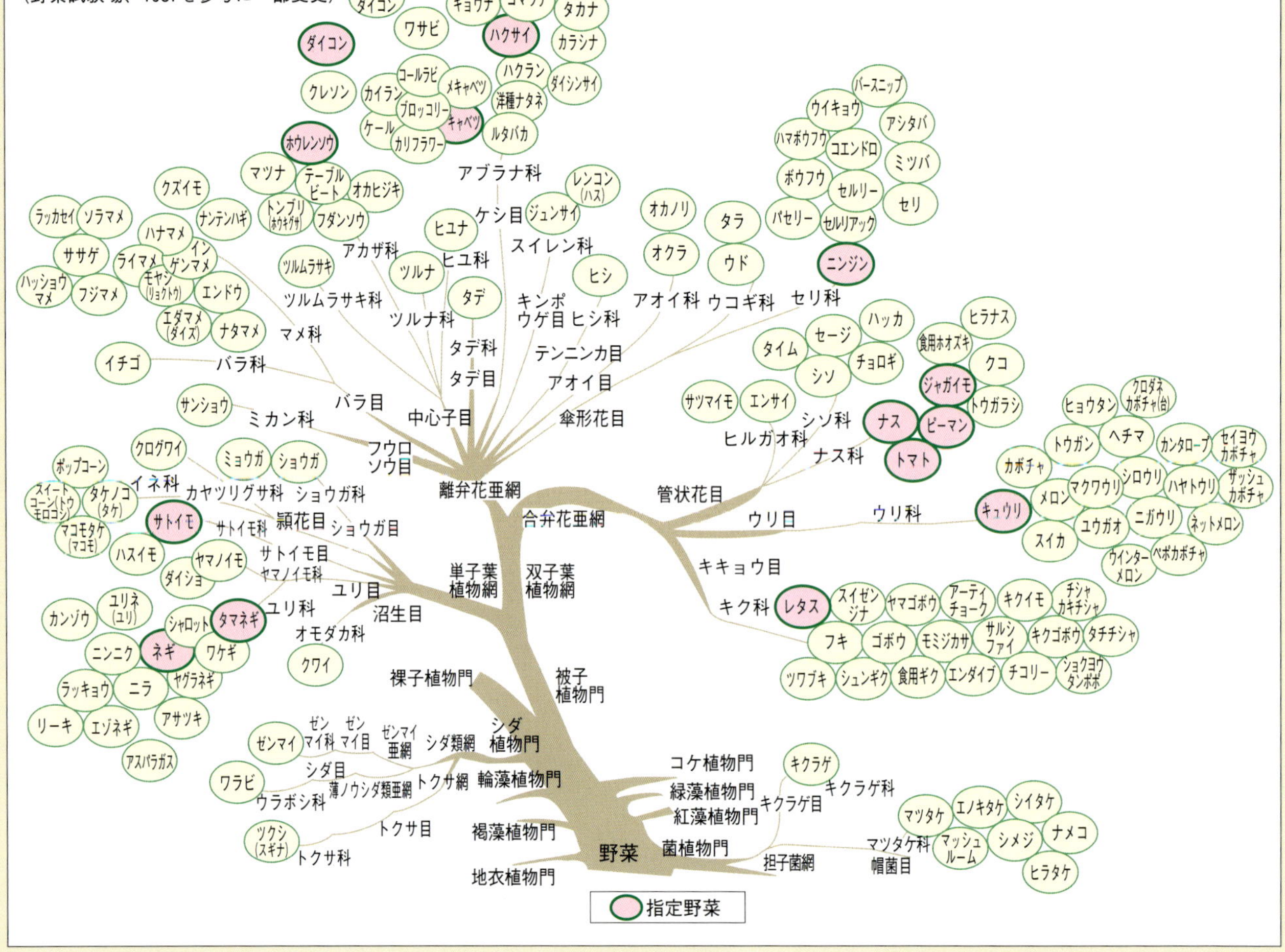

野菜の系統図のうち指定野菜は太線で囲んであります。

ての作型の各論に入ってからも参考にし

きると思ったからです。**図3-1**は、作型の各論に入ってからも参考にしてください。なお、**図3-1**において太線で囲んだ野菜は、国民の生活に欠かせない野菜として農林水産省が指定し、安定供給策をとっているもので、「指定野菜」と呼ばれています。メロン、スイカ、イチゴなどの果物的野菜は指定野菜に入っていませんが、経済的には極めて重要な品目です。

野菜の増殖方法

野菜の多様性を論じ始めればきりがないので、ここでは増殖方法だけを取り上げます。増殖方法によって花成、休眠などの重要性が違ってくるからです。

果菜と葉菜の大部分、さらには根菜の多くが1・2年生植物であり、当然、種子繁殖によります。そこで花成が作型にとって重要な生態反応となります。しかし、1・2年生野菜でも越冬・越夏に休眠が関与し、作型に影響する場合があります。

栄養繁殖野菜は、ジャガイモ、サトイモなどのイモ類（正確には塊茎・塊根類）、ニンニク、ラッキョウなどのネギ科野菜、およびショウガなどがあり、ここでは休眠が作型に影響することが多くなります。

同じ根を利用するといっても、ダイコン、カブ、ニンジン、ゴボウなど（直根類）は、栄養繁殖性の塊茎・塊根類とは花成の関与度がまったく異なります。

ダイコンなどの可食部は、幼根と胚軸が肥大したものです（**図3-2**）。幼根は、子葉や胚軸とともに種子の中の胚にすでに形成されており、胚根とも呼べるものなので、直根は種子なしでは絶対にできないものです。当然ながら種子繁殖性野菜で、作型では花成が重要な生態性になります。

大部分の野菜は海外起源

ご存知ない方もあると思いますが、現在の主要野菜のほとんどすべてが海外からの導入野菜です。**日本原産野菜**はウド、セリ、フキ、ミツバ、ミョウガ、ワサビなど、20種類弱に過ぎません。以下、海外からの導入時期（日本における栽培開始期）別に主要野菜を挙げます。

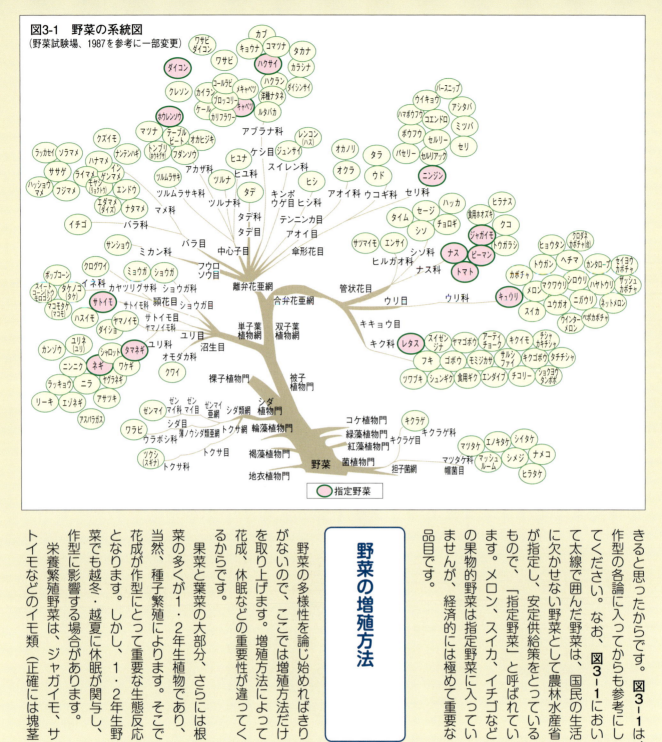

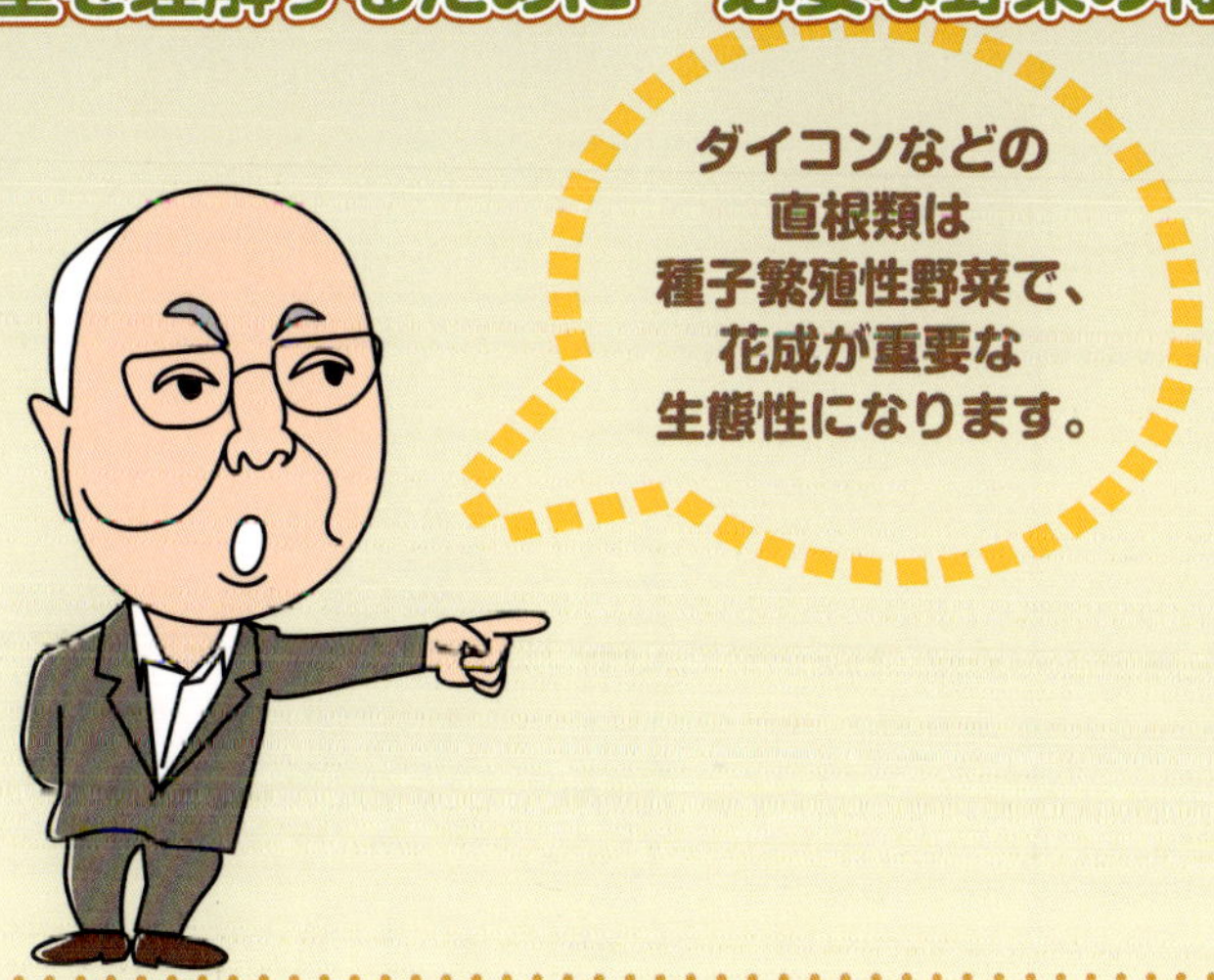
ダイコンなどの
直根類は
種子繁殖性野菜で、
花成が重要な
生態性になります。

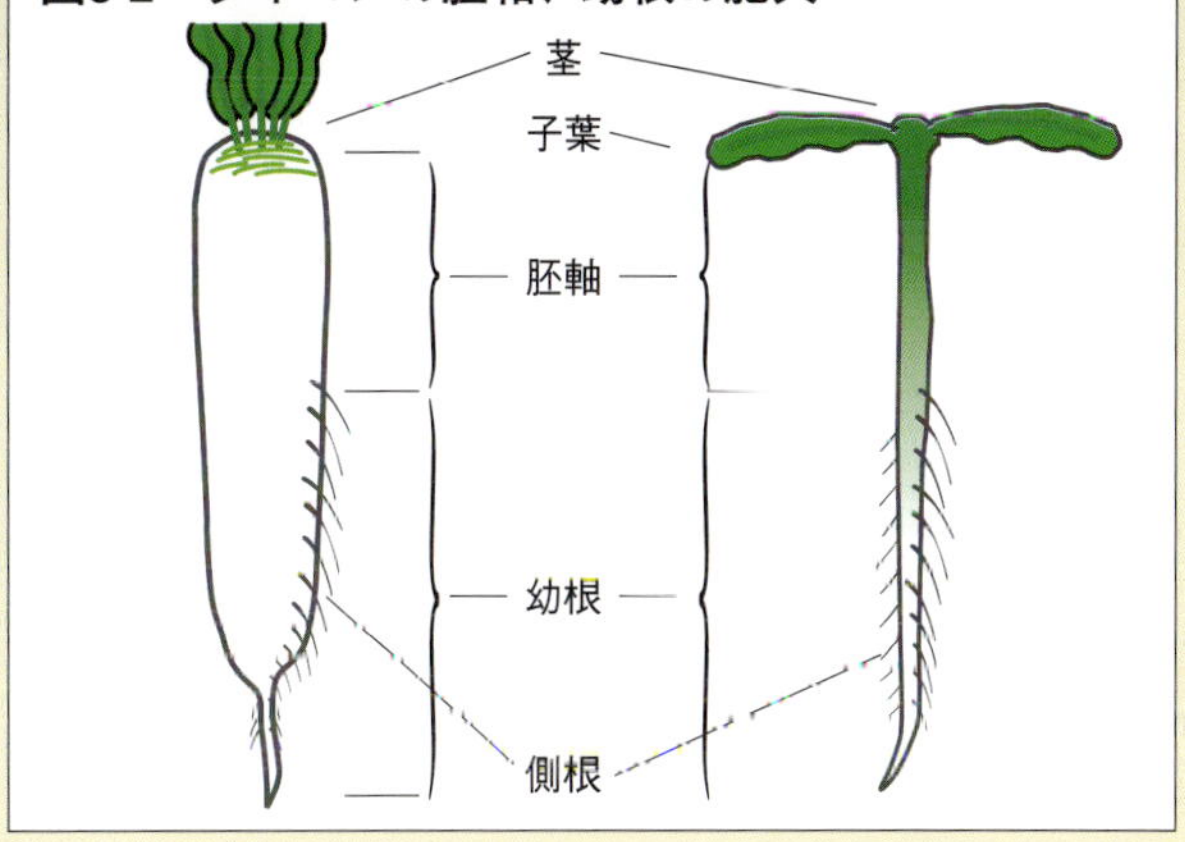
茎
子葉
胚軸
幼根
側根
図3-2　ダイコンの胚軸、幼根の肥大

14世紀以前（ほぼ戦国時代まで）
ナス、カブ、ダイコン、ゴボウ、ネギ、ニラ、ニンニク、ショウガ、サトイモ、ヤマイモ、レンコン

15～18世紀
キュウリ、スイカ、和種カボチャ、エダマメ、エンドウ、ソラマメ、インゲンマメ、ホウレンソウ、シュンギク、ニンジン、サツマイモ

19世紀（明治維新が1868年）以降
メロン類、洋種カボチャ、トマト、ピーマン、スイートコーン、イチゴ、ハクサイ、キャベツ、カリフラワー、ブロッコリー、レタス、セルリー、アスパラガス、タマネギ、ジャガイモ

このように我々が現在食べている野菜はほとんどが海外から導入されたものであり、しかも15世紀以降に導入された比較的新しいものが多く、14の指定野菜中10種類が含まれています。14世紀以前に導入の指定野菜はダイコン、ナス、ネギ、サトイモだけです。

日本の大部分の野菜が海外からの導入であるという事実が、野菜の作型開発を必要とした理由の一つです。導入植物ですから、当初は日本の気候に合いにくいものが多く、たとえ一部の地域あるいは気候に適応しても、栽培地域を広め、さらには周年生産するためには、それぞれの気候に適応した品種改良と環境調節技術の発達が必要だったわけです。

導入野菜はそれぞれ起源地、つまり野生から栽培化が始められた地域があり、その地域気候が当該野菜の生態に反映されているはずです。次項では野菜の生態と起源地の関係を考えたいと思います。

日本原産野菜は
20種類弱に過ぎず、
現在食べている野菜は
15世紀以降に海外から
導入されたものが
多いのです。

↑日本原産野菜のミョウガ（上）とワサビ（下）。

4

野菜の起源地と生態

長日植物と短日植物

短日植物のイネ。

長日植物のソラマメ。

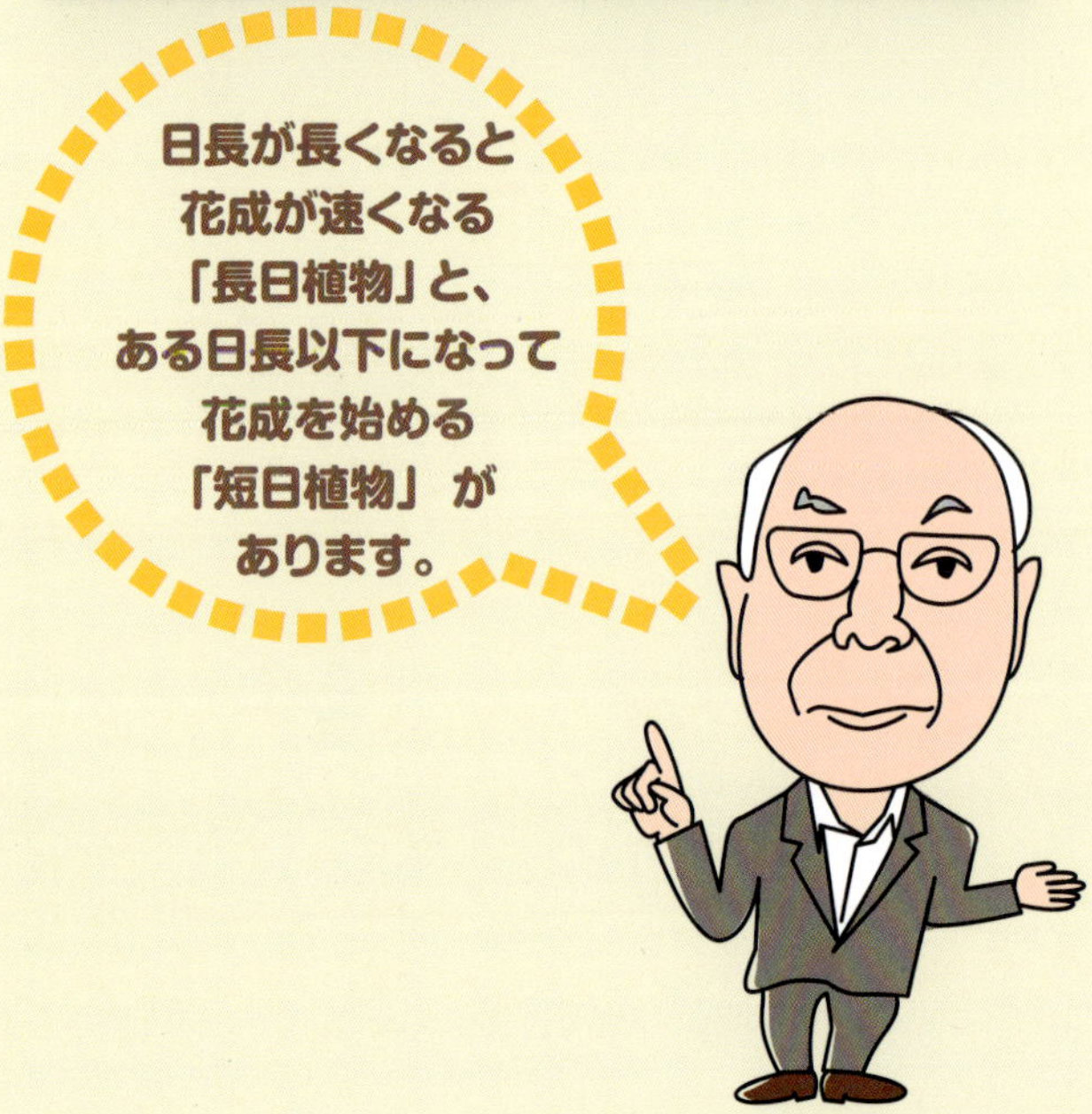
日長が長くなると
花成が速くなる
「長日植物」と、
ある日長以下になって
花成を始める
「短日植物」が
あります。

前項では現在の野菜のほとんどが海外起源であり、しかもその多くが15世紀以降の比較的新しい導入野菜であることを紹介しました。ここでは、野菜の生態におよぼす起源地気候の影響を考えます。

主要野菜の起源地を表に示しますが、詳細は各論に譲ります。

花成《かせい》の日長反応と起源地

野菜の生態における花成と日長の重要性は、「2. 品種・生態とは」（8ページ）で述べました。

植物には日長が短くならないと花をつけない「短日《たんじつ》植物」と、その逆に日長が長くなるほど花成が速く進む「長日《ちょうじつ》植物」があります。

図4-1は主要農作物の起源地と日長性を示したものですが、低緯度地域に短日植物、高緯度地域に長日植物が起源しています。

短日作物の発見

あるダイズの品種をいくら春早くにまいても日の長い間は茎葉のみが茂って花がつかず、日長がある程度

図 4-1 作物の起源地と日長感応性（Roberts ら、1997）

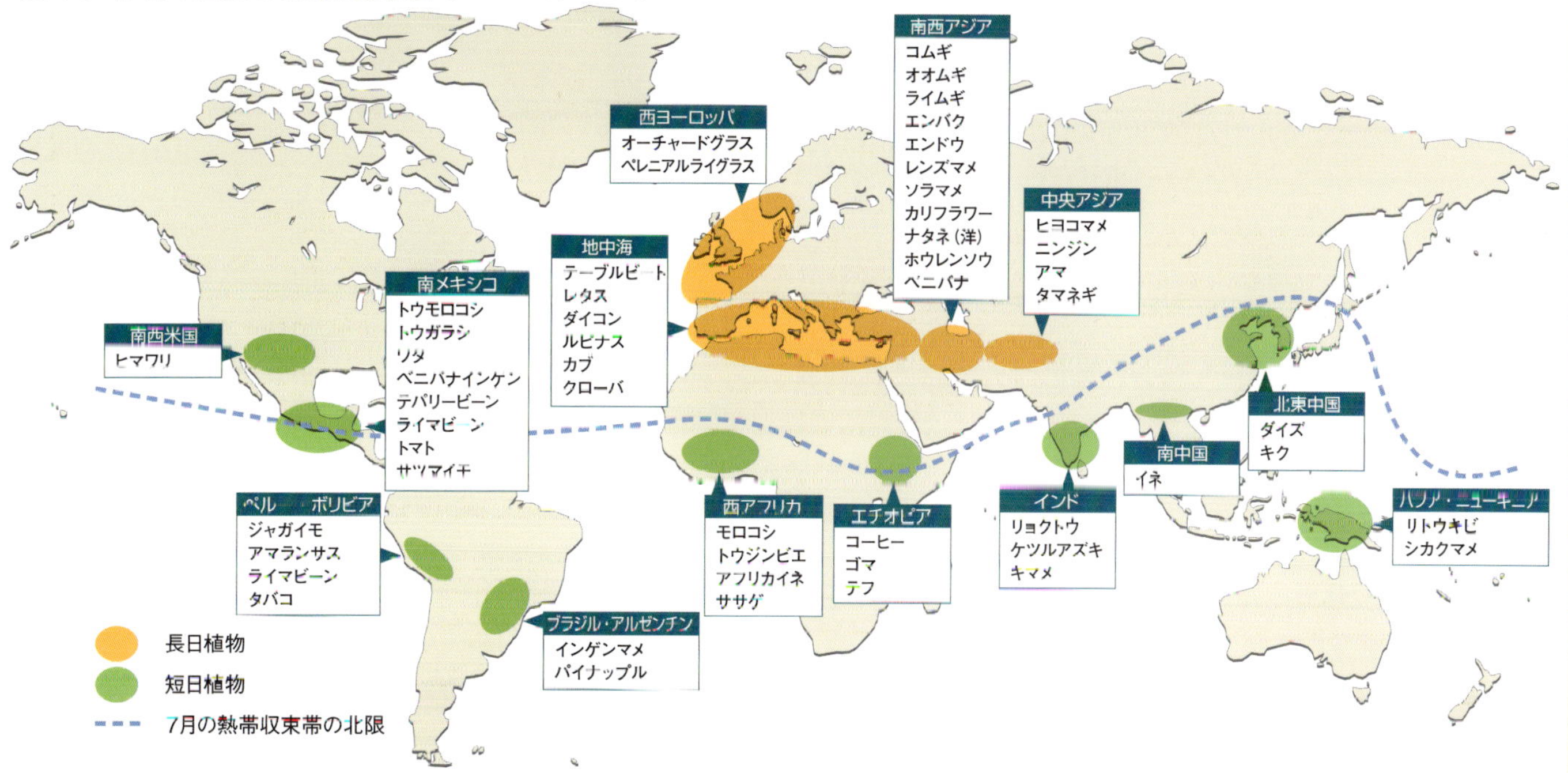

表 主要野菜の原産地（芦澤、1992）

科	野菜名	原産地
アカザ	ホウレンソウ	アジア西部
アブラナ	カブ	アフガニスタン
	カリフラワー	近東、地中海東部
	キャベツ	地中海沿岸、大西洋、北海
	ダイコン	地中海東部、小アジア
	ハクサイ	中国
	ブロッコリー	近東、地中海東部
イネ	スイートコーン	メキシコ、中央アメリカ
ウリ	カボチャ	南アメリカ
	キュウリ	インド西北部
	メロン	1次：アフリカ 2次：中近東、マクワウリは中国
	スイカ	南西アフリカ
キク	ゴボウ	ユーラシア大陸北部
	シュンギク	地中海沿岸
	フキ	日本
	レタス	中・近東
サトイモ	サトイモ	熱帯アジア
ショウガ	ショウガ	熱帯アジア
スイレン	ハス	エジプト
セリ	ニンジン	アフガニスタン
	ミツバ	日本、朝鮮半島、台湾、北米東部
ナス	ジャガイモ	南米アンデス高原
	トマト	ペルー、エクアドル
	ナス	インド東部
	ピーマン	メキシコ
バラ	イチゴ	ヨーロッパ
ヒルガオ	サツマイモ	南米北部
マメ	インゲン	中央アメリカ
	エダマメ	中国
	エンドウ	中央アジア、近東
	ソラマメ	中央アジア、地中海
ユリ	アスパラガス	南ヨーロッパ〜南ロシア
	タマネギ	中央アジア
	ネギ	中国西部
	ニラ	東アジア
	ニンニク	中央アジア
	ラッキョウ、ワケギ	中国

科名、野菜名は五十音順配列

短くなると、播種期に関係なくほぼ同時に花がつくことに、アメリカの科学者が注目しました。これが花成に対する日長効果の最初の発見で、1920年のことです。

その後、花成を起こす真の要因は昼の明期間の短さではなく、夜の暗期間、それも連続した暗期間の長さであることが分かりました。その証拠に、夜中に照明して暗期間を分断すれば短日効果がなくなり、この夜間照明はキクの開花調節などに利用されています。ですから本当は「長夜植物」とでも呼ぶべきでしょうが、ここでは慣例に従い、短日植物と呼んでおきます。

ここでいう短日は、12時間以下という季節的な区切りではありません。花成を起こす境界日長は種《しゅ》や品種で異なりますが、いずれにせよ短日植物は境界日長以下になって初めて花成を開始します。これに対し、後述の長日植物では境界日長が明瞭でなく、日長が長くなるほど花成が速くなるという、量的な反応になります。

↑キクは夜間に照明を当て、暗期間を分断することにより開花調節が行われている（写真は日中の電照栽培ハウス）。

ナス科のトマト（右）とピーマン（下）。トマトは高地、ピーマンは低地が起源で、起源地の標高によって高温に対する適性レベルが異なる。

短日植物と起源地

前頁の図4-1に見るように短日作物は概して低緯度起源ですが、これには理由があります。

熱帯といえば太平洋の島々のジャングルが目に浮かびますが、こうした年中降雨がある熱帯雨林地帯では、バナナ、サトイモ、ヤマイモなどの多年生植物が豊富にあるせいか、種子繁殖性作物はほとんど起源していません。

一方、南北回帰線付近の内陸にはアフリカ、アラビア、オーストラリアなどの砂漠がありますが、これも農作物の起源地とはなりえません。

その他の低緯度地帯では年間降雨量が季節的に偏《かたよ》る傾向があり、その降雨期は太陽が高い季節、つまり長日期とほぼ一致します。太陽が高くなると気温が上昇し、低圧帯となり、そこに南北からの貿易風が合流して湿潤な空気が上昇し、多雨となります。この帯状の地帯を熱帯収束帯と呼び、その北限が**図4-1の破線**で示されています。

雨期以外の季節の降雨量は地域により異なりますが、乾期の干ばつが植物の生長を阻害する地域が多いのです。

植物の生長には水が必要ですから、乾期の干ばつが問題となる地域では、植物は雨期の間に十分に茎葉を茂らさなければなりません。一方、開花期以降は茎葉に蓄積した養分と根の吸水力に依存しながら、比較的乾燥した環境下で種子を稔実《ねんじつ》させることができます。こうした条件を満たすためには花成開始期が雨期末期であること、つまり、日長が短くなり始めてから花成を始める短日植物が適していることになるのです。

雨期の存在は熱帯、亜熱帯のみとは限りません。例として、**図4-1**の中で日本を含むアジア大陸の東部沿岸部ではかなり高緯度にまで熱帯収束帯の湾曲が見られ、ダイズなどの起源地となっています。

短日植物の高温生長性

年中高温の低緯度起源の植物が高温性であることは当然ですが、その程度は起源地の標高によっても異なります。

トマトとピーマンはともにナス科植物で、また同じ新大陸起源ですが、ピーマンがメキシコ南部の低地起源であるのに対し、トマトはアンデスの高原起源であるために、ピーマンほど高温性ではなく、日本の一般地の真夏は暑すぎる環境といえます。また、西洋カボチャもアンデス高原起源なので、メキシコ中南部起源の日本カボチャほど暑さに強くありません。

1年中高温でなく、寒暖四季のある地域の起源であっても、短日植物は高温生長性が求められます。太陽が高い長日期に茎葉を茂らさなければならないからです。中国東北部起源のダイズが高温性であることがその例です。

起源地の緯度だけでなく、標高によって生育に適する温度も違うのです。
降雨期は太陽が高い長日期と一致します。

←日長に関係なく開花するようになった果菜類だが、長日下においてキュウリでは雌花率が低下することがあるので注意する。

現在の果菜類の多くは日長非依存

読者の中には「ダイズが短日植物だって？ エダマメは1年中あるじゃないか」「イネだって日の長い時期に穂を出すじゃないか」と、不審に思う方が多いと思います。実はその通りなのです。これまで述べてきたことはあくまで種としての本来の性質であって、栽培化の長い歴史の中で、長日下でも開花できる変異品種が次々と選択され、作期幅が拡大されてきたのです。

果菜類の二本柱であるナス科とウリ科では、現在はどの品種もほとんど日長に関係なく開花するようになっており、作型では花成の日長性を気にする必要がありません。ただし、キュウリでは雌《め》花率が長日下で低下する品種が多いので注意を要します。

また、果菜類でもマメ科ではエダマメとインゲンマメが短日性（高温性）、エンドウとソラマメが長日性（低温性）と分かれています。

以上「花成と環境」は、花成が必要条件である果菜類で当然重要な課題のように見えますが、実際には花成を抑えたい葉根菜で一層重要な課題なのです。そして葉根菜の多くは長日植物です。

長日植物と起源地

図4-1で分かるように、長日植物の起源地はおおむね温帯で、寒暖の四季が明瞭な地帯です。夏に降雨の多い地域では前述のダイズのように短日植物が適応できますが、多くのアブラナ科野菜の起源地である地中海沿岸などは降雨が冬に偏り、夏は乾燥し、灌漑《かんがい》のできない自然条件では植物の生長が阻害されます。そのため、長日期を通じて生長を継続しなければならない短日植物は適応が困難です。

前述のように、長日植物は短日植物と違って明確な境界日長はなく、短い日長下でも花成はゆっくりと進むのですが、顕著に花成が進みだす日長は種・品種のほか、起源地に影響されます。

高緯度では春の日長の伸びが急速ですが、気温上昇がそれに追いつかないので、十分な茎葉生長後に開花するためには、花成に長い日長を要する種・品種が適しているのです。逆に低緯度地帯では日長がそれほど伸びないので、あまり長い日長を要する種・品種では花がつかず、種子ができません。現在でこそ栽培と採種を別々の地域で行うことができますが、農作物として進化した過程では同一地域で栽培と採種ができることが品種の絶対条件でした。

長日植物の低温生長性

長日植物は比較的、短日長下で茎葉を作らなければならないので、冬が温暖な地域では2年生植物として越冬します。越冬が無理でも早春から生長しなければならないので、短日植物と比べて低温性、耐寒性が要求されます。

葉根菜作型と花成制御

長日性野菜の多くが葉根菜で、花成が問題となる作型では、できるだけ長い日長を要する品種を用いることによって、トウ（花茎）立ちを遅らせることができます。

花成制御環境として今回は日長についてのみ述べましたが、実は多くの長日植物にとって、日長だけでは花成が起こらない場合が多いのです。

骨子のみを述べれば、長日が有効であるためには、その植物が所定の低温経験を持っていることが前提となるのです。通常「バーナリ」と略称されるこの現象は、作型における品種選択のみでなく、管理技術にも関連する重要事項なので、詳細は次項に譲ります。

5

バーナリゼーション（春《しゅん》化《か》）の重要性

シードバーナリ?
グリーンバーナリ?
バーナリゼーションとは
何でしょうか?
ここでは大部分の長日性
葉根菜の花成に必要な
「バーナリ」について
解説します。
?

前項では植物に「短日《たんじつ》植物」と「長日《ちょうじつ》植物」があり、短日植物の花《か》成《せい》は日長が一定時間以下になって初めて開始されるのに対し、長日植物は日長が延びるほど花成が早まるものの長日が花成の絶対条件ではなく、比較的短日でもゆっくりと花成が進むことを述べました。

それでは長日植物には花成の絶対条件がないかというと、そうではなく、多くの長日植物の花成開始には低温経過が必要なのです。

バーナリゼーション（春化）とは

コムギには、春に播種しても開花する春まき品種群と、秋に播種すれば翌春には開花するものの、冬があけた春にまくと葉だけが茂って開花しない秋まき品種群があります。ところが、通常春まきでは開花しない秋まき性品種の種子を、吸水・催芽《さいが》※した後に一定の低温に一定期間以上さらしてから播種すると、春にまい

※催芽…種子をまく前に、吸水させた種子を適温に保って発芽状態にすること。

ても開花することをロシアの科学者が1929年に発見し、この現象を春化（英訳「バーナリゼーション」、以後「バーナリ」と略す）と名づけました。「冬の低温を経過して初めて春の効果（＝開花）が出る」と解釈すれば、春化の意味を理解できると思います。春化は日長性の発見と並び、花成に関しての二大発見といえます。

低温要求性の種《しゅ》・品種間差

バーナリに必要な低温量（低温の度合いと遭遇期間）は、種や品種によって随分差がありますが、期間は大雑把にいって数十日と考えてよいでしょう。低温度は低いほどよいといったわけでもなく、一般に5〜10℃が最も有効といえますが、南方に適応する品種の中には20℃以上の気温でもバーナリが起こり、一見低温が必要ないように見える場合もあります。

バーナリが必要な長日性葉根菜

大部分の長日性葉根菜の花成にはバーナリが必要で、セリ科野菜（ニンジンなど）、ユリ科野菜（タマネギなど）、そしてアブラナ科野菜の大部分（キャベツ、ハクサイ、ダイコンなど）はバーナリ植物です。ただ、アブラナ科の中でカラシナ（タカナ）は低温要求性が極めて低く、長日要求性が高いので、実際上は単なる長日性植物と考えてよいでしょう。

↑グリーンバーナリ型植物のキャベツ。どの時点で感応するかは、品種によって違う。

低温に感応する発育ステージ

先に述べたコムギの実験では、低温処理を吸水・催芽後の種子に対して行いました。このように、発芽前の胚の状態から低温に感応し始める植物を「シードバーナリ型植物」と呼びます。もちろん、シード（種子）といっても休眠中の乾燥種子は低温感応の心配がありません。

一方、発芽後、植物体が一定の大きさに達して初めて低温に感応する植物を「グリーンバーナリ型植物」と呼びます。播種から低温感応までの期間（「基本栄養生長相」と呼ばれる）は、種・品種により大差があり、例えばキャベツでは本葉3〜5枚の幼苗で感応を始める品種から、20枚程度になるまで感応しない品種があります。

↑シードバーナリ型植物のダイコン種子。

低温から長日への役割リレー

花成における低温と長日の役割には発育段階的な分担があり、その順序は冬から春への自然気候の動きに沿うように、まず低温、次に長日へと主役が移るのです。

シードバーナリと
グリーンバーナリの違いを
ざっと説明すると、「催芽後の種子
状態から低温に感応するタイプ＝
シードバーナリ、植物体が一定の
大きさになってから低温感応を開始
するタイプ＝グリーンバーナリ」
と定義できます。

図 5-1　低温による茎頂変化と長日による花茎の発達（模式図）

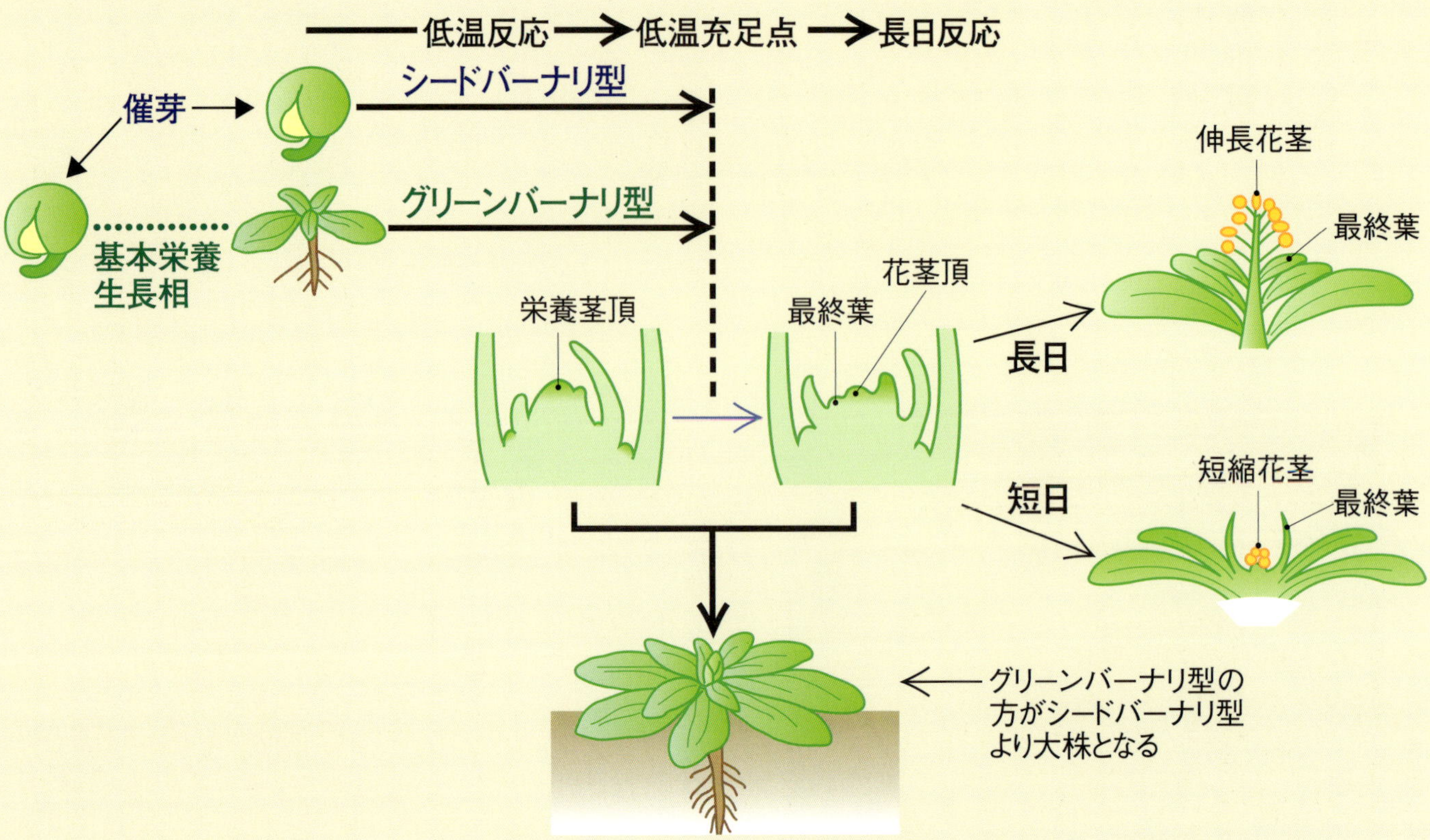

バトンタッチと茎頂《けいちょう》変化

上の図5－1で説明します。

花成開始前の栄養生長期の茎先端から未展開の葉芽《ようが》を剥《む》いていくと、ドーム状の茎頂で終わっています。生長点とも呼ばれるこのドーム内の細胞分裂組織がすべての形態形成の源で、葉や花は一見すると茎の側面についているように見えますが、すべて茎頂に起源しています。ちなみに最近、動物生理・医学で、一定の器官への分化能力のある幹《かん》細胞（ステム・セル）の有用性が叫ばれていますが、植物の茎（ステム）の頂《いただき》は文字通り、万能のステム・セルなのです。

発芽から花成開始までの栄養生長期には、茎頂からは葉しかできません。花成はこの茎頂において始まります。

最初の可視的変化として、一般には茎頂ドームが扁平《へんぺい》化しますが、その形態は種によりさまざまです。茎頂がそのまま花芽《かが》となり、茎の伸長が止まる植物もありますが、長日性の葉根菜の多くでは茎頂は伸長を続けます。しかし大事なことは、それまでの栄養茎が葉をつけるのとは違って、茎頂変化後の茎は花をつけ、時々苞葉《ほうよう》と呼ばれる小さな葉をつけることがあっても、通常の葉はもはやつけることがないということです。つまり、栄養茎から生殖茎（花茎《かけい》）への変化です。この茎頂変化を「花芽分化」と呼ぶことも多いのですが、ここでは個々の花芽の分化と区別して「花茎（花序《かじょ》）分化」と呼ぶことにします。

特記したいのは、バーナリ、つまり花成における低温の役割は花茎分化をもって終わるということです。より正確にいえば、**図**に示したように、低温の役割は可視的な茎頂変化の前に終わっているはずです。低温が充足した結果として茎頂の変化が起こるからです。

それ以後の個々の花芽分化、開花、抽苔《ちゅうだい》（トウ立ち）の経過は、すべて長日が促進します。花茎分化以後の低温は、かえって花茎の発達を抑制します。長日性葉根菜の草姿は栄養生長時には地を覆うロゼット状ですが、花茎が伸長を始めると、すでに

↑栄養生長時のダイコンは、ロゼット（茎の節間がつまって葉が重なりあい、放射状に広がっている状態）の草姿。

バーナリゼーション（春《しゅん》化《か》）の重要性

長日植物の多くの“花成＝花の生育プロセス”は低温を経過することで開始されますが、花の発達や花茎の伸長は長日で促進されます。

→花茎や節間が伸びたアブラナ科のキャベツ（写真上）、セリ科のニンジン（写真下）の様子。

分化していた葉を含めて、節間が伸びて上に立ち上がります。これがトウ立ちです。長日の効果は花茎分化後だけかというとそうでもなく、花茎分化促進にもプラスに働く場合が多いですが、花茎分化は何といっても低温が主役です。

以上のように、「バーナリ植物では低温が花成をスイッチオンし、以後の進行を長日が務める」と総括できます。

葉根菜における花成被害

葉根菜栽培における花成の害は、葉数不足と早期抽苔の二つです。

図5－1のように栄養茎頂が花茎頂に変わると、正常葉の形成はそこで止まります。葉根菜、特にキャベツ、ハクサイなどでは結球のために一定の葉数が必要なので、早すぎる花茎分化は致命傷となります。

次に、花茎分化までに十分な葉数が確保されたとしても今度は早期抽苔が問題になり、収穫前に抽苔すれば商品価値がなくなります。

以上、花成の有無、あるいはその遅速に関係する特性として、長日や低温要求性の程度、基本栄養生長相の長さなどを挙げましたが、これらはいずれも品種により大きな差があるので、作型に応じて適した品種を選択することによって花成被害を最小限に抑えることができるのです。

ここまで、葉根菜には長日性植物が多く、長日性植物にはバーナリ植物が多いと述べてきましたが、そうでないものをここに挙げておきます。

●バーナリを必要としない長日性野菜

アカザ科のホウレンソウは花成に低温を必要とせず、長日の効果が圧倒的に高いので、単なる長日性植物と呼ぶことができます。

キク科のレタスも低温を必要とせず、長日と高温、特に高温が花成を促進し、実際栽培での花成は主として高温期に発生します。

↑長日性植物で花成に低温が不要なホウレンソウ（写真は雄花）。

●短日性葉菜

長日性植物は短日下で栄養生長しなければならないので一般に低温性であり、日本の長日性葉根菜も冷涼地を除き真夏の生産が困難です。ところが、日本の真夏にも平気で栄養生長できる葉菜はないわけではありません。それがシソ、ヨウサイ（エンサイ）、ツルムラサキ、ヒユなどです。いずれも長日期（しかも低緯度）を通して栄養生長する短日性植物で、真夏の緑葉野菜として希少な存在です。

＊　＊　＊

次はこれまでに述べた種・品種生態と作型との関連を、代表的な結球野菜であるハクサイとキャベツを対比しながら、より具体的に説明していきます。

↑短日性植物のシソは、真夏にも生長できる葉菜。

6

花《か》成《せい》生態と作型との関係
（ハクサイとキャベツの場合）

これまでに野菜の花成《かせい》と日長・気温との関係を説明しましたが、まずその要点を左ページ枠内に整理してみました。

次に花成生態と作型との関係を、結球野菜の双璧であるハクサイとキャベツについて具体的に説明します。

ここでは
結球野菜の代表格
ハクサイとキャベツを例に、
花成生態と作型との
関係を解説します。

↑花成特性がシードバーナリ型のハクサイ（写真上）とグリーンバーナリ型のキャベツ（写真下）。写真は生育途中の様子。

おさらい

① 植物には、一定の短日《たんじつ》が花成に必要な短日性植物と、逆に長《ちょう》日《じつ》が花成を促進する長日性植物がある。

② 植物の茎葉生長温度は、花成の日長性と表裏の関係にある。すなわち、短日性植物は比較的長日下で茎葉を生長させなければならないので、高温生長性で寒さには弱く、一方の長日性植物は比較的短日下で生長しなければならないので、低温でも生長するが暑さには弱い。

③ 日本の果菜類がおおむね短日性植物なのに対し、多くの葉根菜類は長日性植物である。そして作型における花成の重要性は、花成を必要とする果菜類よりも、花成を避けなければならない葉根菜類においてより高い。

↑花成を避けなければならない葉根菜類（写真は抽苔し、花の咲いたハクサイ）。

↑果菜類は果実をならすために花成が必要だが、作型におけるその重要性は葉根菜類よりも低い。

④ 多くの長日性植物は、まず一定量の低温に遭遇することにより栄養茎頂《けいちょう》が花茎頂《かけいちょう》に変化し（バーナリ）、以降の花器の発達や抽苔《ちゅうだい》は長日・高温が促進する。
葉根菜類における花成の二大障害は、花茎頂への変化による葉芽《ようが》の発生停止（つまり葉数制限）と、早期抽苔による可食部の品質劣化である。

⑤ バーナリ型植物には、発芽当初から低温に感応する「シードバーナリ型植物」と、植物体がある程度大きくなって初めて低温に感応し始める「グリーンバーナリ型植物」がある。

⑥ バーナリ型植物の花成に関与する諸特性、すなわち低温および長日要求性（低温・長日の程度と期間）と、グリーンバーナリ型植物における基本栄養生長相（低温に感応しない幼若期）の長さ、いずれについても品種によって大きな差があり、作型に応じて適当な品種を選択することができる。

結球野菜の難しさ

結球野菜は軟白した葉をコンパクトに生産できる特長を持っていますが、気候の影響を受けやすい難しい野菜です。

まず結球には一定の葉数が必要なので、低温による早期の花茎分化を防ぐ必要があるし、長日による早期抽苔は品質を著しく損ないます。

次に、結球期の野菜は暑さ、特に夜の高温に特別弱くなることが挙げられます。これは高温による呼吸増加が要因で、夏の結球野菜は、暑さの中でフトンをかぶって寝ているようなものなのです。

必要とする栽培期間も作型の難易に影響します。長日性葉根菜は比較的寒害に強いとはいえ、低温は生長阻害に加えてバーナリの危険性があるので、日本の一般地では冬と夏に挟まれた春と秋が適温になりますが、ともに期間が限定され、栽培期間が長いとどちらかの不良気候にかかってしまうのです。一定の葉数を要する結球野菜は、当然ながら栽培期間が長くなります。植物学的には同じハクサイでも、不結球ツケナであれば早く収穫できるのでよほど栽培は楽です。ダイコンと葉ダイコンについても同様のことがいえます。

↑葉ダイコンは根部の肥大を目指すものではないため、栽培期間が短い。

↑肥大した根部を収穫するダイコンは、葉ダイコンに比べ栽培期間が必然的に長く、バーナリの危険性がある。

ハクサイとキャベツにおける作型成立の条件

●両者の相違点

花成特性については、ハクサイがシードバーナリ型であるのに対して、キャベツはグリーンバーナリ型です。気温はともに冷涼を好みますが、寒さ・暑さに対してはともにキャベツの方が若干強めです。

必要栽培期間は季節や品種により異なりますが、適温期でハクサイが60～90日、キャベツが90～１２０日

↑結球ハクサイに比べて葉数が少なく、栽培期間が短い不結球ツケナは栽培しやすい（写真は「べかな」）。

と、キャベツの方が1カ月ほど長く要します。この点キャベツが不利ですが、グリーンバーナリ型であることを利用してこのハンデをカバーしています（後述）。

以上を考慮しながら、**図6-1**に沿ってハクサイとキャベツについて播種期別に栽培期間中の気候推移の問題点、その解決にはどのような品種選択と地域選択が要求されるのかを考えましょう。

図6-1 ハクサイ・キャベツの作期による問題点と品種選択

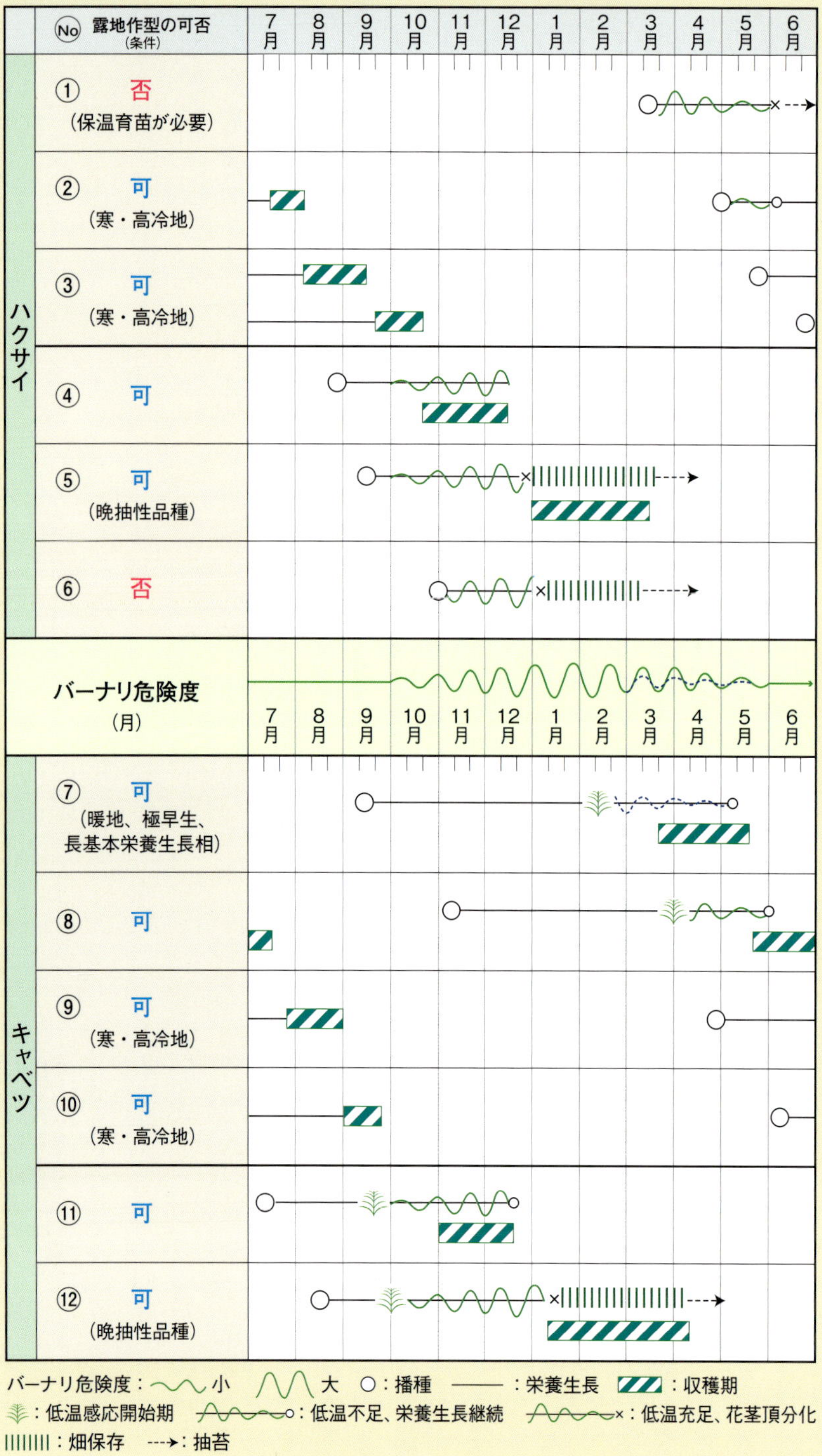

●図の構成について

まず断っておきますが、**この図は露地栽培を前提としています**。本書の冒頭（4ページ）で述べたように作型の二本柱は品種選択と環境調節ですが、長日性の葉根菜は低温性で寒さに強く、また栽培に大面積を要するため、露地栽培が主体となり、作型の中心は品種選択と適地選択で、人為的な環境調節は簡単な補助手段として取り上げられる程度です。また、**この図は説明に適当な播種期を飛び石的に取り上げており、これだけでは周年栽培となっていません**。人為的環境調節をも含めた完全な周年作型については、次項以降で取り上げます。

＊　＊　＊

図の上段にハクサイ、下段にキャベツを配置しましたが、中段に気温に伴うバーナリ危険度の推移を波線の高さにより示しました。バーナリには5～10℃が最も有効とされ、寒いほど効果が高いわけではありません。日本の気候は寒地（北海道と一部高冷地）、寒冷地（東北と一部高冷地）、温暖地（関東以西の本州の大部分）、暖地（四国、九州と本州の一部沿岸地）、亜熱帯（沖縄）と広範囲にわたりますが、図のバーナリ危険度（緑色波線）は関東、関西などの温暖地を想定して作り、特に重要な3～5月だけは暖地を代表する破線（青色）を追加しました。ほかの気候地域を含めた作型については、次項以降に説明します。なお、図中の各生育期中に波線が出現しても花茎頂分化までは栄養生長が継続し、波線イコール生育阻害ではありません。また、寒中収穫期の縦線列マークは畑保存の意味ですが、その間も玉は徐々に充実することがあります。

↑葉根菜は露地栽培が主体であり、品種・適地の選択が「作型」の中心となる（写真は長野県の冷涼地で栽培されるハクサイ）。

ハクサイ

春まきから始めます。

結球期の暑さを避けるためにはなるべく早く播種したいのですが、**図6-1№①**のように早まきしすぎると、シードバーナリ型のハクサイは発芽

花成《かせい》生態と作型との関係

後すぐに低温感応して幼若期に花茎となり、長日期なので直ちに抽苔し、作型として成立しません。一般温暖地での4月中旬以前播種は、生育初期をハウスやトンネルで保・加温する必要があります。この保・加温は寒害を防ぐとともにバーナリを防ぐ目的ですが、詳細は次項に譲ります。

No②のように、4月下旬以降の播種になると低温不足でバーナリを免れますが、収穫期が夏にかかるので寒・高冷地での栽培が望まれます。

No③の5月中旬以降の播種では花成の心配はなくなりますが、夏を通じての栽培となるので、寒・高冷地での栽培が主体となります。

次に気温下降期利用の栽培に移ります。

一般温暖地での播種はNo④のように、早くとも暑さの峠を越す8月中旬以降が安全です。生育後半に低温に当たりますが、花茎頂分化前に収穫することができます。

↑寒害を防ぐ外葉結束と晩抽性品種を利用することで、年明け以降、遅くまで収穫を延ばすことが可能。

年明け収穫のためには、No⑤のように播種を9月まで遅らせます。10月から低温感応を受け始め、早晩バーナリが完了して花茎を分化しますが、それまでに十分な葉数が確保され、年内に結球します。以後、外葉を結束するなどして寒害を防ぎ、畑で保存することができますが、すでに花茎ができているので、遅くまで収穫を延ばすためには、なるべく日長要求性の高い晩抽《ばんちゅう》性品種を利用する必要があります。

No⑥のように秋が深まってからの播種になると葉数不足のうちに花茎ができ、作型は成立しません。

キャベツ

前述のようにキャベツはハクサイより1カ月ほど多くの生育期間を要するので、適温期間の不足はハクサイ以上に深刻ですが、ここでグリーンバーナリ型という特性を利用することができます。幸いキャベツはハクサイよりも耐寒性が強く、日本の大部分の地域では越冬が可能です。そこで秋に播種して基本栄養生長相、つまり低温感応しない若い苗で越冬させ、春の気温上昇期に結球・肥大させる作型が成立します。秋プラス春の作型といえます。

図中No⑦⑧の秋まき栽培が、この避バーナリ越冬栽培です。No⑦のように9月に早まきして大苗で越冬すれば春早くに収穫することができますが、そのためには基本栄養生長相の極めて長い品種を利用し、また春の気温上昇の早い暖地が適地となります。No⑧の中秋まき、5～7月収穫が温暖地における一般的な作型です。ハクサイとの差が最も顕著なのもこの中秋まきです。シードバーナリのハクサイではNo⑥に示した通り、中秋まきは早期に花茎頂が分化し、作型が成立しません。

専ら気温上昇期を利用する春まき栽培では、No⑨のように4月下旬播種でも収穫期は夏となり、寒・高冷地が有利です。温暖地での4月以前播種では保・加温育苗が必要です。No⑩の越夏栽培では寒・高冷地が主産地となります。

次に、主として気温下降期を利用する夏まき栽培に移ります。

キャベツは低温性とはいえ厳寒期には生育がほとんど止まるので、それまでに結球・肥大させなければなりません。No⑪⑫のように産地により播種期はずれますが、いずれにしても夏に播種する必要があります。この点、秋まきで年内収穫の可能なハクサイより不利ですが、キャベツがハクサイより暑さに強いことが幸いです。夏まき栽培では基本栄養生長相を過ぎてから低温に当たり、No⑫のような冬～初春収穫では花茎頂への変化は避けられません。キャベツは耐寒性が強いので畑保存が可能ですが、2～3月と収穫期を延長するためには、日長要求性の高い晩抽性品種の利用が必要です。

注意していただきたいのは、No⑦と⑫の収穫期が3～4月に一部重複していることです。秋まきの⑦と夏まきの⑫では、結球・肥大期の気候や適する品種の花成生態が全く異なります。作型用語として、収穫期より播種期の方が適切であるという好例です。

図から分かるようにキャベツは露地だけで周年生産が可能ですが、ハクサイよりも耐寒・耐暑性が強いことのほか、グリーンバーナリ型であることもその理由となっています。

以上のように花成様式は葉根菜の作型に大きな影響を持ち、シードバーナリかグリーンバーナリかによっても作型が大きく違ってくるのです。

次項は葉根菜の
環境調節と関連して、
育苗とデバーナリ
（脱春化）について
説明します。

7 葉根菜の環境調節とデバーナリ（離〈脱〉春化）

ここでは
葉根菜の環境調節、
特に育苗における資材の
発達や保・加温育苗について
と、デバーナリゼーション
（離春化）について解説
します。

前項で、ハクサイを早春に露地播種することは一般温暖地では危険で、保・加温育苗が必要であると述べました。

育苗と作型

環境調節によって最初に開発された作型の一つは温床によるナスの早出し栽培と考えられ、江戸時代に始まっています。ちなみに当時はトマトがまだありませんし、キュウリはあまり好まれていなかったようです。

私は温床について苦い経験があります。私が野菜の試験研究を始めた1955年（昭和30年）は野菜施設栽培の夜明け期で、ビニールがようやく出始めたころです。温床はまだ踏み込み式で、稲わらと油かすその他を混ぜ、水を適当に含ませて足で踏み込み、発酵熱を出させるのですが、相当な技術が必要で、私の床はいつまでたっても冷たく、先輩たちの床から湯気がほかほか立っているのを恨めしく眺めていたものです。

しかし、その後数年で、熱源は電熱線から暖房機に、被覆も木枠障子などからプラスチックに移りました。

↑キャベツの育苗（苗床）。キャベツやネギ類では大量の苗を効率的に管理できる苗床育苗が広く利用される。

↑発芽して生育中のネギ。

農業だけでなく、昭和30年代は日本が「もはや戦後ではない」から「高度成長」へと邁進し始めた時代でした。

本題に返って、育苗は果菜類のみでなく、葉根菜でも重要です。夏秋まき野菜では保・加温育苗が不要なので、本圃《ぼ》への直播が可能ですが、苗床を利用すれば本圃の百分の一以下の面積で、発芽、潅水、病害虫防除などの管理を効率的に行うことができます。キャベツなどの葉菜やネギ類では苗床は広く利用されてきました。

育苗の効率化（セル苗など）

↑セルトレイの登場により、規格化された苗が低コストで大量に生産できるようになった。

●鉢育苗の発達とセル苗の登場

苗床育苗で問題となるのは本圃へ移植する時の植え傷みですが、これは移植による根の切断によるものですから、根を株元に制限しておけば防ぐことができます。植え傷みの激しいハクサイでは、土と堆肥《たいひ》を適当に水で練り合わせて一定の厚さの床土をつくり、包丁で格子状に切り込みを入れてブロックに分け、各ブロック内の苗の根が隣に張り出さないようにする方法が考案され、練床（ねりどこ）育苗と呼ばれていました。

根域を制限する完全な方法は鉢の利用です。素焼き鉢に代わる簡易で安価な鉢として、私が仕事を始めたころには手作りの経木鉢なども利用していましたが、その後ペーパーポット、ソイルブロック、ポリポットなどが開発されました。

いずれにせよ大面積の葉菜類の育苗は低コストが条件となり、これに大きく貢献したのがセル苗です。

↑200穴のセルトレイ。サイズは30×60cm程度で、水稲育苗箱に入るようになったものが一般的。

●セル苗とは？

英語の「セル」には蜂の巣のような「集合中の個々の小室」という意味があります。蜂の巣全体に相当する枠は「セルトレイ」と呼ばれ、プラスチック、発泡スチロール、パルプなどで作られ、サイズは30×60㎝程度で、水稲育苗箱に入るようになったものが多いようです。セル数は128、200、288穴などと、大苗から小苗用まで各種があります。

セル育苗の最大の長所は規格化による苗の低コスト大量生産です。規格化により播種や移植の機械化が容易になりました。個々のセルは上部が広く、下部が狭いために、苗が抜きやすく、また本圃の植え穴に入れやすくなっています。樽などの穴に栓（プラグ）を差し込むのに似ているためか、プラグ苗（商標登録名）

↑セル育苗された苗。左：根が適度に張った苗。右：根が巻いている。左のような根が適度に巻いた苗を定植する。

移植できない野菜（直根類）

ニンジン

ダイコン

↑ニンジンやダイコンなど根を食べる野菜の多くは直根類と呼ばれる。

とも呼ばれることがあります。根が適当に張り巡らされている方が、苗を抜く際に土が崩れにくいですが、根がセルの周囲をぐるぐる巻くようでは移植後の新根の発生が悪く、生長が阻害されるので、注意が必要です。

セル苗は1980年代に急速に普及し、育苗業者による分業化も進み、果菜類のみでなく、葉菜類でも取り入れられ、これによって春まき栽培では保・加温育苗を作型技術として無理なく取り入れることが可能になりました。

移植できない野菜

●直根類

セル苗を含む苗床育苗は移植可能な野菜であることが条件となります。

↑直根類は根傷みを防ぐため、直播栽培とする。
（写真：ダイコンの播種）

14ページで述べたように、ダイコン、カブ、ニンジン、ゴボウなどは直根類と呼ばれ、その可食部は幼根と胚軸が肥大したもので、これらは種子の中で形成されます。実際に養水分を吸収する根は幼根およびその伸長部から発生する分岐根ですが、肥大できるのは幼根だけです。苗を移植すると、どうしても幼根を傷つけるために、直根類では直播栽培しかできません。

●直根類の環境管理

ハクサイとダイコンはともにシードバーナリ植物で、バーナリを避けるためには発芽時から保・加温が必要ですが、ハクサイは温床で育苗できるのに対し、直播のダイコンは本圃で温度調節をせねばなりません。

↑ダイコンのトンネル栽培。シードバーナリ植物であるダイコンは発芽時から保・加温管理が必要。

そこで一層の省力、低コストが要求され、一般にハウスでは無理で、マルチ・トンネル程度の利用が多くなります。

以上のように葉根菜の保・加温方法は野菜の種類によって違ってきますが、共通して知っておくべきバーナリ特性として、これまでに述べていなかったデバーナリがあります。

デバーナリゼーション

●デバーナリとは？

「5．バーナリゼーションの重要性」で「バーナリに必要な低温量（低温の度合いと遭遇期間）は、種や品種によってずいぶん差があるが、期間は大雑把にいって数十日と考えてよく、低温度は一般に5～10℃が最も有効といえる」と述べました。その際は低温だけを対象としましたが、自然気温は夜低く、昼は高くなります。バーナリには昼の高温は関与しないのでしょうか。

実は、バーナリの低温効果はそれに続く高温によって軽減または消去されます。この現象が「デバーナリ、離（脱）春化」と呼ばれます。バーナリはこれまで何回も述べたように、蓄積低温量が一定水準に達して発現しますが、バーナリ進行中に日々の高温がそれぞれ前夜の低温効果を軽

↑昼温が上がりすぎる時は、被覆の開閉が必要になるが、穴あきフィルムを使うとその作業を省力化できる（写真：ニンジンのトンネル栽培）。

デバーナリ（離春化あるいは脱春化）のメカニズム
例：ダイコン（一般平暖地４月末ごろ播種の場合）

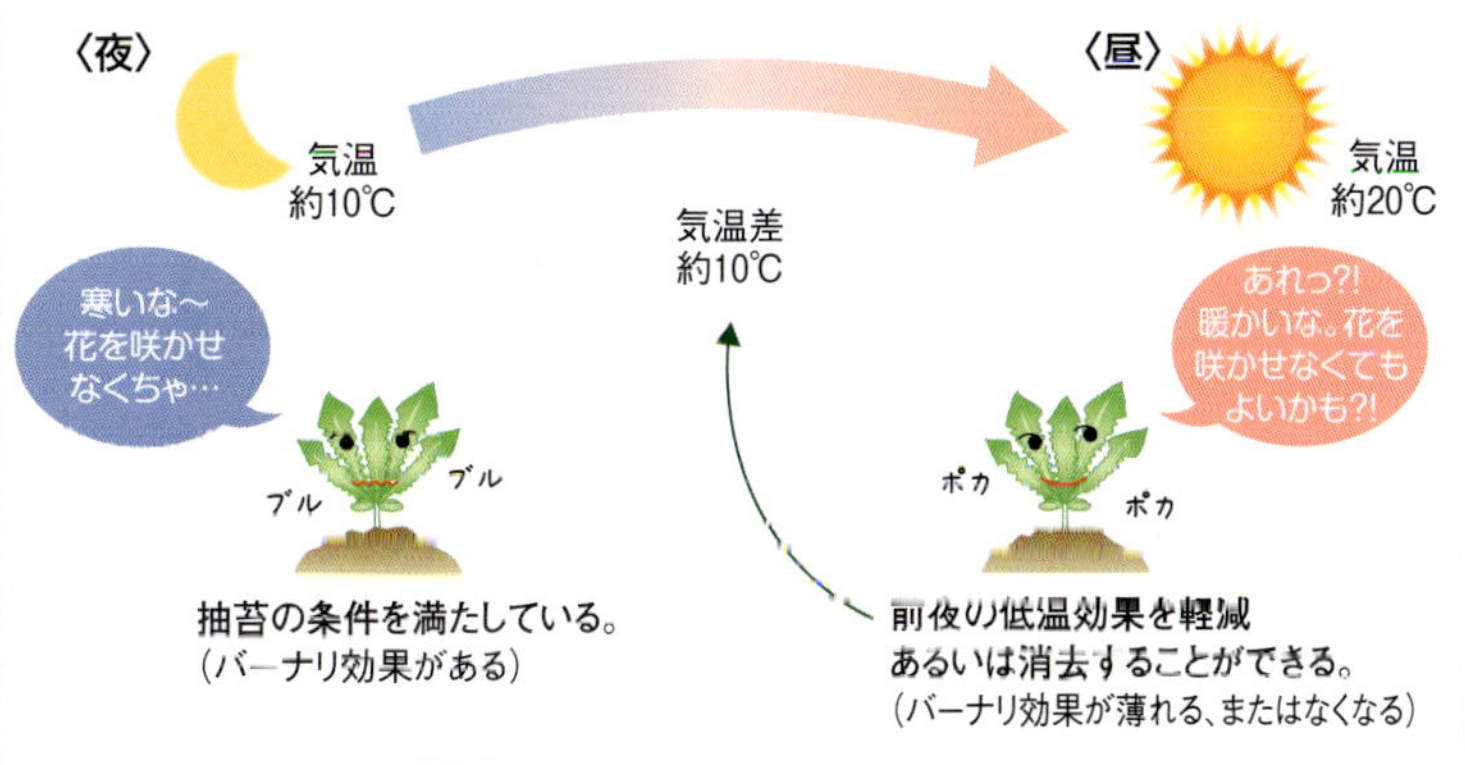
〈夜〉
気温
約10℃
〈昼〉
気温
約20℃
気温差
約10℃
寒いな～
花を咲かせ
なくちゃ…
ブル
ブル
あれっ?!
暖かいな。花を
咲かせなくても
よいかも?!
ポカ
ポカ
抽苔の条件を満たしている。
（バーナリ効果がある）
前夜の低温効果を軽減
あるいは消去することができる。
（バーナリ効果が薄れる、またはなくなる）

減、または消去することにより、花茎分化を遅延します。例えば悪いのですが、毎晩飲んで借金しても昼働いて返していけば借金はたまらないようなものです。

例：ダイコンの春まき露地栽培

ダイコンを露地で春、平均気温15℃の時期（一般温暖地では4月末ごろ）に播種すると、播種時の夜温は約10℃でバーナリに有効な低温ですが、昼温が20℃前後になり、デバーナリ効果をもち、夜温の低温効果をかなり減少します。そして播種後30日経過すれば平均気温が20℃前後となり、最低気温が15℃前後、昼温が25℃前後と、バーナリはデバーナリにより消去されるので、この30日間のバーナリ、デバーナリの相殺効果を考えると、必要低温量を超す可能性、つまり花茎頂への変化の可能性は少ないと判断されます。しかし、自然相手の露地栽培では、境界時期の播種は常にリスクを伴いますので、一般温暖地では4月末が露地播種の最前線といえます。

ダイコンなどを一般温暖地で4月下旬以前に播種するには保温が要求され、トンネルなどが利用されますが、ここでデバーナリが有効となります。一重被覆のトンネルでは夜温は露地に近く下がり、バーナリ抑制効果はあまり期待できませんが、昼温は日差しが強ければ20℃以上上昇し、十分デバーナリが期待できます。しかし曇天ばかり続くと昼温が上がらずに、期待したデバーナリが働かず、花茎頂になってしまう可能性があります。トンネルによるデバーナリ効果は露地直播だけでなく、温床育苗されたハクサイなどをトンネル定植する際にも発揮されます。

トンネル栽培では昼温が上がりすぎると被覆の開閉が必要になりますが、省力のために穴あきフィルムなどを使うこともできます。

前回までに述べた品種選択に加えて、今回の育苗及び簡易被覆の利用により、暖地から寒冷地までほとんどの葉根菜の周年生産が可能となっています。

以上でバーナリ型長日性葉根菜の生態と作型の基本骨格は説明できたと思います。まだ花成についてはレタスの高温、ホウレンソウの長日、またタマネギなどでは休眠肥大と日長など、説明不十分の部門もありますが、それぞれの各論で取り上げられることになると思います。

デバーナリ（離春化あるいは脱春化）とは、夜間に受けたバーナリの低温効果が後に続く昼間の高温によって、軽減または消去される現象のことです。

8

長日性葉根菜類の作型
アブラナ科野菜

↑露地のみで周年栽培が可能なグリーンバーナリ型のキャベツ。

↑苗の育苗管理を集中して行うことで、経済的な作型が可能なシードバーナリ型のハクサイ。

↑定植直後のハクサイ苗。

ここでは葉根菜類の各論に入る前に、これまでのおさらいとここで扱う葉根菜の範囲とアブラナ科野菜について解説します。

これまでの総論で、葉根菜については各論に入る準備ができたと思いますが、あらためてその骨子を以下のように整理しておきます。

「日本の葉根菜の大部分は長日性花成の植物なので、収穫対象である葉や根の栄養器官は、まだ短日下の比較的冷涼な気候で生長し、耐寒性もかなり強い。

そこで、露地栽培が可能な季節が長いグリーンバーナリのキャベツなどは、露地栽培だけで国内での周年生産が可能である。シードバーナリ野菜では播種期により、若苗期を主とする環境調節が必要となるが、移植可能のハクサイなどでは苗床での集中管理により、また直播が必要な直根類ではトンネルなどの簡易被覆により、経済的な作型が成立する。

このように、葉根菜では露地での生育が主となる作型が多いので、作型の成否が自然気候に依存することが多い。もちろん作期気候に応じて適切な生態を有する品種の選択が必要であることは繰り返し（6ページほか）述べた。

結論として葉根菜では品種選択と地域選択が作型の基本となり、人為的環境調節は補助手段となる」

そこで環境調節についてのより詳しい説明は果菜類各論の前半で行うこととし、ここから葉根菜の各論に移りたいと思います。

図8-1　主なアブラナ科野菜　　（日本における野菜の種類　野菜茶業研究所2001より）

・楕円同士が接しているのは同属であることを表す。
・太枠は指定野菜

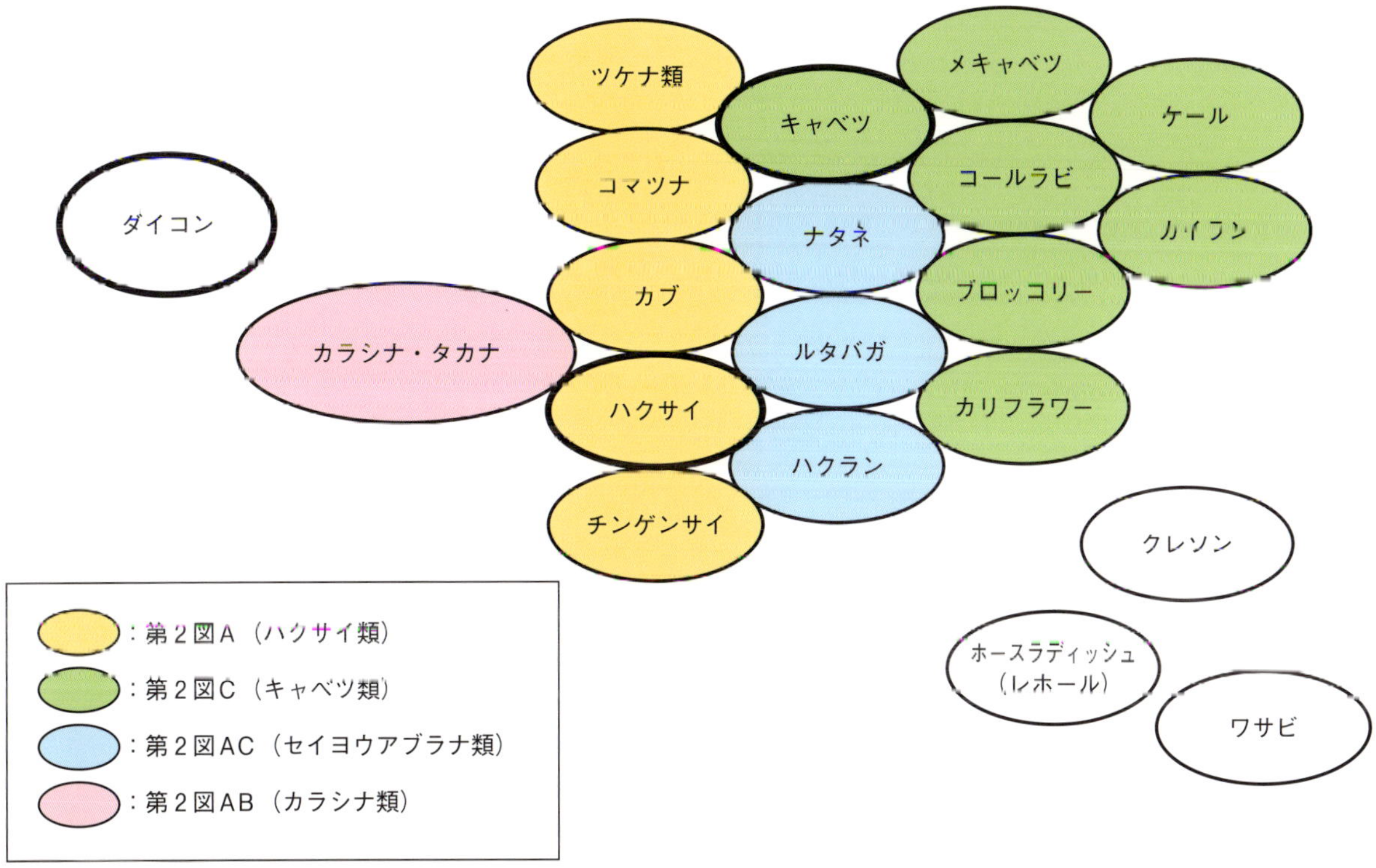

対象とする葉根菜の範囲

ここでは主として長日性葉根菜を対象とします。シソ、ヨウサイ、ツルムラサキ、ヒユなどの短日性葉菜については、**23ページ**を参照してください。

ブロッコリーやカリフラワーなどは本来花茎菜類と呼ぶべきですが、生育気温や生態が、同種のキャベツに類似するので、ここで一緒に説明します。

また根を利用する野菜でも、ジャガイモ、サトイモなどの、いわゆる「いも」類は栄養繁殖性で、花成が作型に関係する度合いが低いので、塊茎・根類として別に扱い、ここでは種子繁殖性の直根類のみを対象とします。

アブラナ科野菜

野菜の「菜」の字に最もふさわしいのが、アブラナ科野菜だと思います。**図8-1**は主なアブラナ科野菜を、類縁関係に従って配置したものです。

図中、左上に位置するダイコンと右下に位置するワサビなど3種を除く、中央の大集団は、野菜名を示す楕円同士が接しています。これは生物学的に同じ属であることを示しており、属名はブラシカです。

図8-2（次ページ）に示すようにブラシカ属は、A・B・Cの3ゲノムと、それらの複合による6種から成り立っています。ゲノムとはこれ以上欠落すると生物として成立しない染色体のセットです。なお、この関係を発見した禹長春博士はタキイ研究農場の初代場長を務めた方です。

図8-2中、ゲノムA、同Cおよび同ABの3種が野菜として重要です。なおゲノムACのセイヨウアブラナは、ナタネとして油用が主体ですが、

↑本来は花茎野菜と呼ぶべきブロッコリー・カリフラワーだが、生態などが同種のキャベツに類似するため、ここでは葉根菜として取り上げる。

図8-2　ブラシカ属植物とABCゲノム（“禹博士の三角形”）
一重丸は二倍種、二重丸は複二倍種を示す

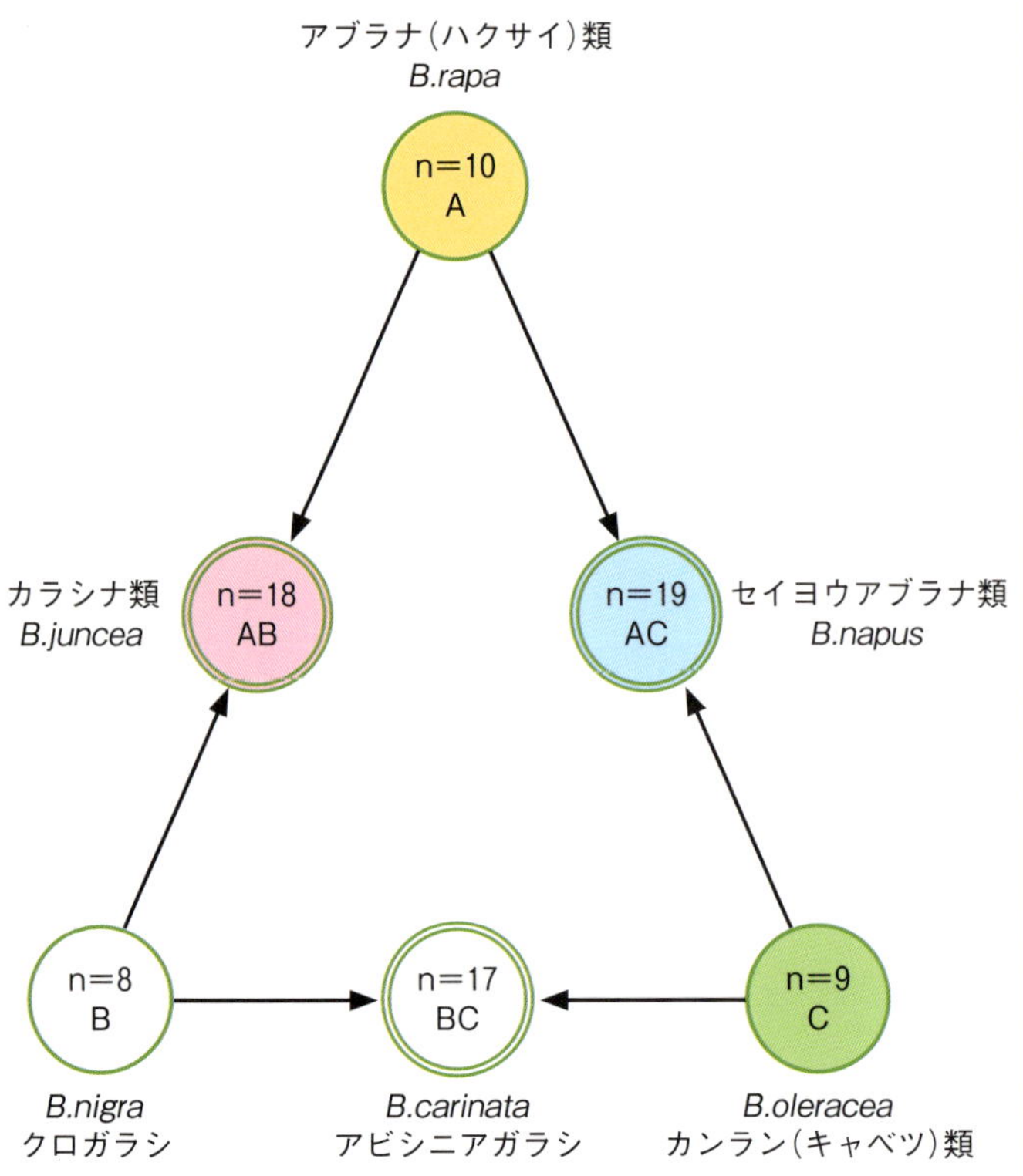

同じゲノム構成をもつ結球野菜がハクサイとカンラン（キャベツ）の人為的交雑（胚培養による）により作られ、ハクランと呼ばれています。

植物の種と野菜の種類

図8-1中、黄で塗られた野菜が**図8-2**のゲノムA（以後ハクサイ類と呼ぶ）で、**図8-1**にはハクサイ、カブ、コマツナ、チンゲンサイ、ツケナ類があげられていますが、その他京菜《キョウナ》類、パクチョイ、菜心《サイシン》類など多くの野菜名をあげることができます。利用部分から見ても葉菜、根菜および花茎菜を含み、形状も多岐にわたっているので、流通・消費サイドの必要性から、それぞれ別の野菜名がつけられていますが、これらの野菜は植物学的には一つの種に属します。

実は私が野菜の勉強を始めたころは、例えばハクサイとカブは別の種名で呼ばれていたのですが、その後互いに交雑できる生物は同じ種とするのが分類の原則となり、ゲノムAにあげた野菜はみんな相互に交雑することから一つの種に統一されたわけです。ハクサイ類の多様性は、始原植物から現在にいたるまでの、野菜としての長く、豊富な歴史を物語っています。

多様な野菜が互いに交雑可能であるということは、品種改良技術の発達した現在では、適当な両親を選ぶことにより、さらに新しいタイプの野菜を作ることができるという利点があります。しかし、採種する際には付近の同種野菜や自生植物と交雑して雑種種子が混入する危険性があるので、注意が必要です。

図8-1中、緑で塗られた種が**図8-2**のゲノムC（以後はキャベツ類と呼ぶ）で、キャベツ、カリフラワー、ブロッコリーなどをもつ種です。種内での交雑性、変異の多様性についてはハクサイ類と同様です。**図8-1**の水色が**図8-2**のACに、**図8-1**のピンク色が**図8-2**のABにそれぞれ対応します。

アブラナ科野菜の共通点と相違点

アブラナ科は昔、十字花科と呼ばれていました。4枚の花弁を十字状にもつからです。ブラシカ属の花が黄色なのに対し、**図8-1**の左上に独立するダイコンの花は白から淡紫色ですが、十字状の花であることは変わりありません。

アブラナ科作物の祖先植物はいずれも地中海周辺に起源したといわれます。しかしキャベツ類が主としてヨーロッパで発達したのに対し、ハ

長日性葉根菜類の作型アブラナ科野菜

中国で発達したハクサイ

→ハクサイの花。同じく十字状の花弁をもつ。

↑結球ハクサイは中国で生まれた。英語でChinese cabbageと呼ばれる。

ヨーロッパで広まったキャベツ

↑キャベツの花。アブラナ科植物の花の特徴として十字状に4枚の花弁をもつ。

多彩なキャベツの仲間

ケール

コールラビ

メキャベツ

日本で独自の品種が発達したダイコン

→ダイコンの花。白から淡白紫色の十字花。

桜島ダイコン

純粋に日本原産といえる野菜の一つワサビ。

クサイ類は中国で古くから栽培され結球ハクサイを産むまでに発達しました。結球ハクサイが英語でチャイニーズ・キャベッジと呼ばれることからわかるように、西のキャベツ、東のハクサイと対峙しています。

　キャベツの日本への導入が明治に入ってからと聞いてもそれほど驚かないでしょうが、結球ハクサイも明治導入の新しい野菜だということは意外に思う方も少なくないと思います。日清・日露戦争に従軍した人たちが食べ慣れた戦地から帰国したことが、わが国でのハクサイの本格的栽培の契機となったらしいのです。

　これに対してダイコンは、地中海沿岸にもですが、アジアにも多くの野生が見られ、特に中国と日本で古くから栽培化されました。日本のダイコンは中国の華南地方のダイコンに似ていますが、日本独特の多彩な品種が生み出されており、英語でも「ダイコン」で通用するほど、他国には例のないものです。ダイコンは江戸時代までは他野菜を圧倒する重要野菜であり、現在も生産量では野菜トップを占め、歴史的重みを加算すればダイコンこそ「日本の野菜」といってもよいと思います。余談ながら、純粋に日本起源といえる野菜は少ないのですが、**図8-1**の右下に位置するワサビはその一つです。

　アブラナ科野菜の作型についてはこれまでも、シードバーナリのハクサイ、グリーンバーナリのキャベツ、そして直根類のダイコンを例として、部分的に説明してきましたが（**24～31ページ**）、次項では主要野菜ごとに、周年供給に必要な作型を統合して紹介します。

9

アブラナ科各論(1)

ハクサイ

作期と作型

野菜別の各論に入る前に、数点追加させていただきます。

本書の初めに、作型を「栽培期間中の環境推移（気候が主）に適応する生産技術体系」と要約しました。このように、ある作型が対応するのはその作期中の気候推移ですから、一作型に対応する作期を全国一律のカレンダー月日によって示すことはできません。

日本は南北に長い国であり、春のサクラの開花期は四国・九州の南部では札幌より1カ月以上早く、逆に秋のススキの開花期は北海道の方が四国・九州より1カ月程度早くなります。そこで、気温の上昇を待って播種する春まき栽培では、産地の北上につれて播種期を遅らせねばならず、逆に暑さが和らいでから播種する秋まき栽培では北の産地ほど早く播種できます。

このように、一つの作型に対応する作期は地域により移動しますが、以下の各論においては**図9-1**に示すように寒地、寒冷地、温暖地、暖地、亜熱帯の地域に分けて、適応する作期を示すことにします。この図では、まず緯度を主とした地域分けがされていますが、緯度だけで気候が決まるわけではありません。ここでは標高と海の影響について簡単に述べておきます。

大規模な高冷地は**図9-1**に示されていますが、これ以外にも程度の差こそあれ高冷地は多く存在します。一般に標高が100m上がると、気温は約0.5℃下がるといわれています。

次が海の影響です。**図9-1**では地域を明示してありませんが、図中の**注②**にあるように、特に太平洋、瀬戸内海沿岸の冬は内陸より暖かくなります。そして高冷地の夏の冷涼も沿海地の冬の温暖も特に夜温に顕著にあらわれ、夏の低夜温は呼吸消耗を防ぎ、冬の高夜温は降雪・凍結を防止します。当然、大消費地に近い高冷地や沿海地は、それぞれ夏野菜と冬野菜の有力産地となっています。

生態以外の品種特性

本書では「野菜の作型と**品種生態**」に従って、品種特性としては生態を第一に取り上げます。

特に露地栽培を主とする葉根菜にあっては、その気候推移に対応できる生態をもつ品種の存在が作型成立の第一条件だからです。

生態性以外の品種特性として、生

種苗会社によっては
地域区分をわかりやすく
冷涼地、中間地、暖地
の三区分としている
ところもあります。

寒地以外の ------------ 内は寒地
寒冷地以外の- - - - - - - 内は寒冷地
その他図示しない部分
注）①寒冷地のうち、太平洋沿岸南部及び内陸盆地の一部は温暖地
注）②温暖地のうち、太平洋沿岸及び瀬戸内海沿岸の一部は暖地
寒地
寒冷地
温暖地
温暖地
暖地
暖地
亜熱帯
亜熱帯

図9-1　野菜・花き作型呼称に用いる地域区分図
（野菜・茶業試験場、1998）

産性と品質はすべての作型で重要です。品質では食味と栄養性はもちろんですが、商品としての野菜は市場性が重要で、食味・栄養性と関連して色姿が評価される場合もあります。作りやすい作型、つまり多くの品種が生態特性で合格する作型では、生産性と品質での勝負となります。

次が病害抵抗性です。50年以上にわたる国・公・民の努力の結果、現在、野菜には多くの耐病性品種ができています。実は私も農水省勤務時は、野菜の耐病性品種育成を主な仕事にしていました。なるべく病気に強い品種を使うことはすべての作型に共通しますが、病害発生の大小はそれぞれの病気で異なるため、発生多期には耐病性品種の利用が特に望まれます。

品質と耐病性について詳細を述べるスペースがないのが残念ですが、重要なものについては適宜説明したいと思います。

それではいよいよアブラナ科野菜の各論に入ります。

（結球）ハクサイ 作型と関連する作物特性

①、②の生態についてはすでに何回か述べましたが、要点だけ繰り返します。

①花成と環境

シードバーナリ型で、播種当初から低温に注意が必要です。

↑結球始めのハクサイ。結球適温は15〜16℃と低くなり暑さに特に弱くなる。

↑結球以前のハクサイは生育適温約20℃。

↑ハクサイはタネまき当初から寒さにあたると、花茎頂分化の起こるシードバーナリ型。

②生育温度

結球以前の生育適温が約20℃であるのに対し、結球に適当な温度は15~16℃と低く、成熟後も寒暑、特に暑さに弱くなります。

③栽培所要時間

播種~収穫開始期間は、栽培時期と品種の早晩性により異なりますが、適期で約3カ月を要します。

④生態以外の品種特性

品質関連では、以前はハクサイといえば球の中まで白いのが当たり前でしたが、健康野菜志向により現在では、球内部まで黄色を帯びた品種が好まれています。

病害抵抗性関連では、根こぶ病に対して強い抵抗性をもつ品種が開発されており、特に生育前期が高温の作型ではその利用が望まれています。

↑根こぶ病に強い黄芯系品種の「きらぼし90」。流通の主力は黄芯。

基本作型と特徴

説明は比較的簡単にしているので、わかりにくい場合は24ページと28ページからを再度参照してください。

図9-2にハクサイの基本作型と地域別作期を示します。

図を見るにあたっての注意点をいくつかあげておきます。

例えば、温暖地の中にも寒冷地に近い地域と暖地に近い地域があります。図ではその流れに沿うように作型を配列しました。これは次項以下の他野菜にも適用します。

図ではすべて移植栽培となっていますが、直播が可能な作型もあり、特に発芽、若苗時期の自然環境が良好な場合は、直播栽培も多くみられます。

播種から収穫始めまでの期間は標準的なものを示しましたが、品種の早晩性により1カ月近く異なる場合があります。

以下、気温下降期に結球させる作型を**秋まき栽培**、気温上昇期に結球させる作型を**冬・春まき栽培**、そして気温ピーク時をまたいで結球させる作型を**夏まき栽培**と名づけて説明しますが、作型中の播種期が通常の季節区分から外れている場合もあります。

秋まき栽培　**（図9-2…①）**

繰り返しますが、ハクサイでは若株は比較的高温に耐えますが、結球開始後は暑さに弱くなります。その点、秋まき栽培は晩夏~初秋にまき、若い時期に暑さを乗り切り、涼しくなって結球に入るという、最も作りやすい作型で、需要の多い季節の収穫であることもあって、日本での基本的作型になっています。ハクサイはシードバーナリ型で、低温期に向かう秋まき栽培では早晩バーナリが完了し、花茎頂に代わりますから、それまでに結球に必要な葉数を確保する必要があり、播種期は少し暑くても急がねばならず、秋深くなってからの播種はできません（**26~27ページ参照**）。

↑秋まき栽培では、冬季になると収穫期を伸ばすことができる。凍害を防ぐため外葉で頭部を巻いて畑で貯蔵する。

播種~収穫期は図の上から順に、寒冷地の早まき（7月中旬播種~10月中旬収穫開始）から暖地の遅まき（9月上旬播種~12月下旬収穫開始）へと推移します。結球完成から収穫まで畑に置くことのできる畑貯蔵期間は高温時には短いですが、冬季となると肥大が緩慢となるので、収穫期間を伸ばすことができます。結球部の凍害は外葉を覆うように結束して防ぐことができますが、2月以降の越冬春出し栽培は暖地が有利となり、また長日になっても花茎伸張の遅い晩抽性品種の選択が必要です。

このように秋まき栽培は10月~3月（主として10月中旬~3月上旬）のハクサイ生産をカバーします。

冬・春まき栽培　**（図9-2…②）**

秋まきと反対に気温上昇期の栽培にあたるので、初期が低温で花茎頂分化しやすく、また後半の結球期が高温になるという、二つの障壁に挟まれた栽培です。

温暖地でも暖地でも、早期に花茎頂分化しない安全な季節を待って播種したのでは、逆に結球期が高温になりすぎるので、温床で育苗したう

↑冬・春まき栽培では低温期の花茎頂分化を防ぐため、温床育苗後トンネル栽培とするのが一般的。

図9-2　ハクサイの基本作型と地域別作期

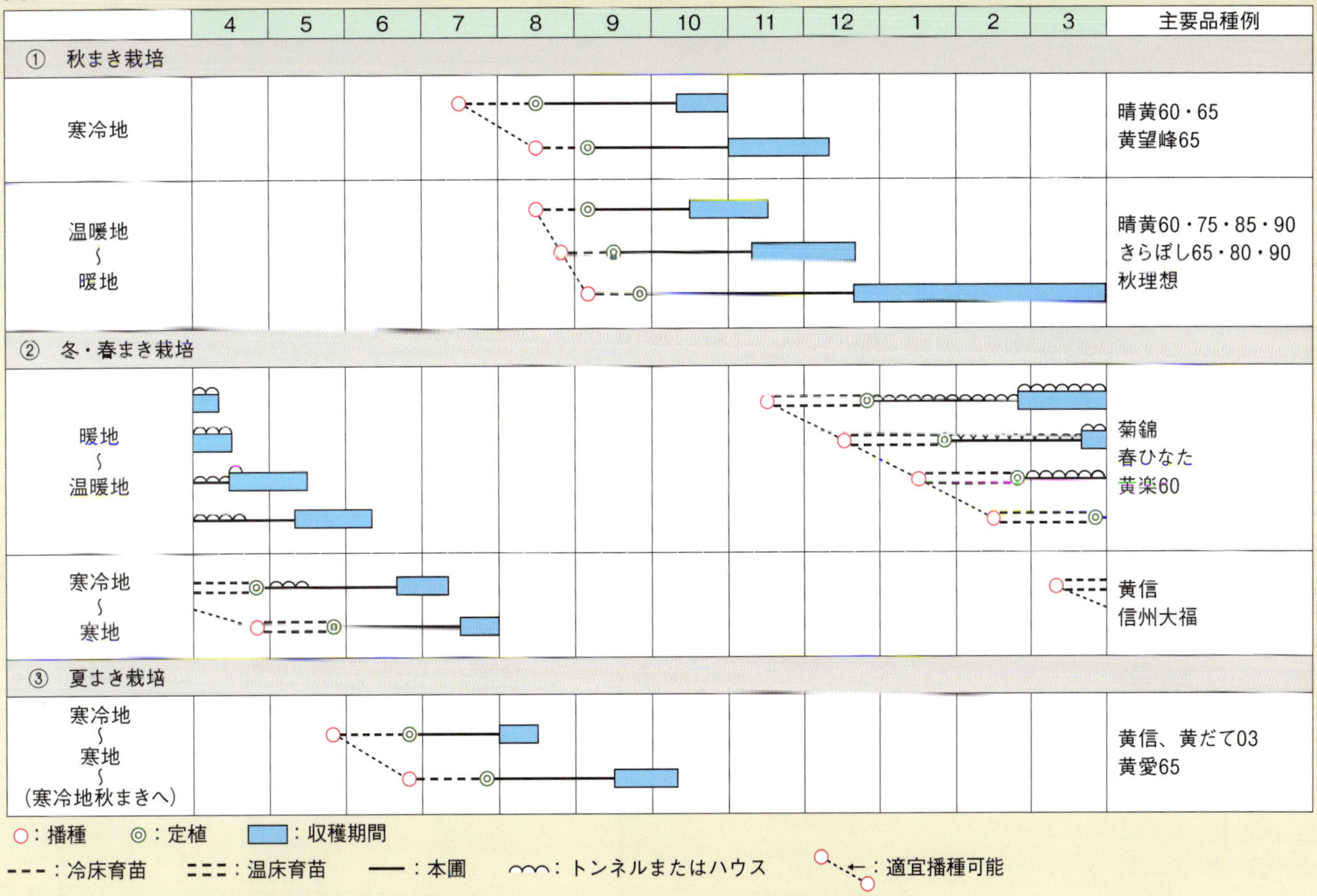

え、さらにトンネルやハウスに定植するのが一般的です。

図の上から、暖地の早まき（11月中旬播種～2月下旬収穫開始）から寒地遅まき（4月下旬播種～7月中旬収穫開始）へと推移します。

育苗と環境調節については28ページからを参照してください。また、

品種としては、低温対策として花茎頂分化の遅い品種が、また高温対策として短期間で暑さを回避できる早生品種が要求されます。

このように、冬・春まき栽培は2～7月（主として3～6月）のハクサイ生産をカバーします。

夏まき栽培（図9－2…③）

5～6月播種、8～9月収穫で、真夏を通して結球する作型なので、産地としては寒地・寒冷地、品種としては短期間で高温を乗り切る早生種が有利です。

図からわかるように、夏まき栽培は冬・春まき栽培の延長になりますが、ここでの区別は冬・春まき栽培が温床育苗を必要としたのに対し、夏まき栽培は露地で播種できるものとしました。名前は夏まきでも実際は晩春まきも含まれます。

また図9－2最下段の6月下旬まきに続いて、最上段の寒冷地7月中旬まき栽培となりますが、この区別は多少涼しくなって結球する作型はカレンダー上の夏まきでも秋まき栽培とし、盛夏を通して結球するものを夏まき栽培としました。

このように、秋まき栽培と冬・春まき栽培とを夏まき栽培が連結する形となり、適地、適品種、そして簡易な環境調節技術の利用によりハクサイの周年生産が達成されています。

10

アブラナ科各論(2)

ツケナとカラシナ・タカナ

ハクサイ以外の
アブラナ類の野菜は種類が多様で、
日本自生の植物が関与している
ものも多くあります。
ここではそのハクサイ以外の
アブラナ類と
カラシナ類の生態と作型について
解説します。

ブラシカ属6種（**図10－1**、34ページの**図8－2と同じ**）のうち、前項はアブラナ類のハクサイのみを取り上げましたが、ここではその他のアブラナ類とカラシナ類について述べます。

「ツケナ」とは

すでに述べたようにハクサイは、明治時代導入の新しい野菜ですが、アブラナ類野菜の多くは弥生時代以前に中国から伝わり、日本自生の植物も関与している可能性のある、きわめて古い野菜であり、その種類は多彩です。主なものだけでも、コマツナ、チンゲンサイ、キョウナ（葉に切れ込みのあるミズナとないミブナ）、タイサイなどがあり、すべての野菜を個々に扱うには多すぎるので、園芸用語ではハクサイ以外のアブラナ類を一括して**ツケナ**と呼んでいます。

〝漬け菜〟という一般語があるので紛らわしいのですが、ここでは慣例に従いこのツケナという用語を使わせてもらいます。ハクサイが導入されるまでは、古来のツケナが日本の主な葉菜だったわけです。

日本でのツケナの分化

カブやナタネとの関連

日本でのツケナの発達はカブやナタネと密接に関連しています。

カブは通常は根菜とされますが、**「日野菜」**や**「酸茎菜（すぐきな）」**のように、根と葉をともに利用する

図10-1　ブラシカ属植物とABCゲノム（“禹博士の三角形”）

一重丸は二倍種、二重丸は複二倍種を示す

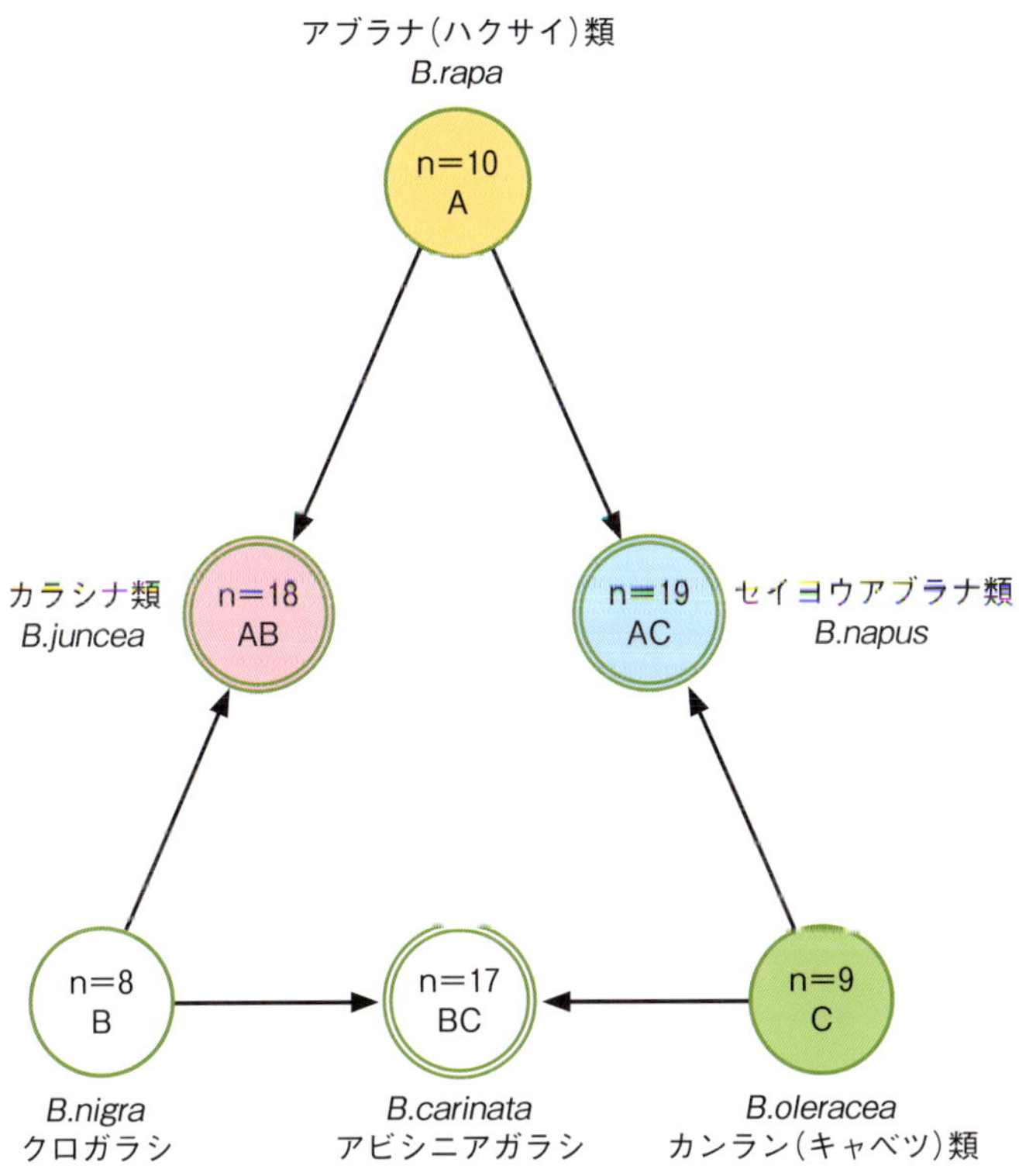

〈ツケナ類〉

コマツナ「菜々瀬」

チンゲンサイ「長陽」

ミズナ「京みぞれ」

ミブナ「京錦」

タイサイ

多彩な顔ぶれのツケナ類。ハクサイ以外のアブラナ類野菜を総称して「ツケナ」と呼ぶ。

ことから、蕪菜（かぶな・かぶらな）と呼ばれる種類も多くあり、これから葉または根のどちらかに重点をおく品種が分化したわけです。

一方、油糧ナタネには現在でこそ**図10－1**中ACで示されるセイヨウアブラナ類（洋種ナタネ）が主になっていますが、これは明治導入であり、それ以前には**図10－1**中Aのアブラナ類に属する和種ナタネが利用されていました。和種ナタネは葉、トウ（花茎）・花蕾《からい》なども食用になるので、それぞれ葉用のアブラナ、トウ用のクキタチナやトウナ、花蕾用のハナナなどに分化しました。トウナやハナナは現在ナバナと呼ばれていますが、その中にはセイヨウアブラナも利用されています。

↓アブラナの中でも、トウ（花茎）や花蕾を利用するものを総称して「ナバナ」と呼ぶ。

↑通常根菜とされるカブだが、根と葉をともに利用できる「酸茎菜」（左）と「日野菜」（右）のような品種もある。

ツケナの多様性と地方野菜の分化

ちょっと横道にそれるようですが、ここで在来品種の柔軟性・可変性について説明しておきます。現在の主要野菜はほとんどすべて、F_1（エフワン）と呼ばれる品種になっています。これは純系両親間の交配品種で、一代だけ均一性が保たれますが、次代以降は分離します。しかし、その変異幅は両親のもつ遺伝性を超えることができません。これに対して古来の在来品種は大なり小なり異なる個体からなる混合集団であり、採種母本の選び方によって翌世代が変化し、世代を重ねるにつれて大きく変貌することがあったわけです。

アブラナ類は上述のようにカブやナタネを含めて極めて多様な変異をもつ種で、互いに交雑可能なため、地方により、また用途によって多様な方向へ分化できたわけです。歴史的に見ればごく最近まで野菜は自家採種、少なくとも地域内採種が主であったこともこの品種分化を助長しました。たとえば、長野の「**野沢菜**」は京都から持ち帰った「**天王寺蕪**」に由来するといわれ、旅の土産などを通じて各地で多くの地方品種を生み出したものと思われます。品種名に起源地がついている例として「**小松菜**」「**野沢菜**」「**日野菜**」「**壬生菜**《みぶな》」などがあります。

現在でもツケナやカブでは昔からの伝統野菜が多く残っており、タキイ種苗編の『地方野菜大全』（農文協、2002年）に掲載されている地方野菜の数は①ダイコン、②ツケナ、③カブの順であり、これらが江戸時代までの日本の主な葉根菜だったわけです。

↑「天王寺蕪」から品種分化してできたといわれる長野の「野沢菜」。このように種類が多く交雑が可能なアブラナ類野菜では、地方や用途によって多様な品種に分化していった。

中国からの新導入

以上、日本での古来ツケナの分化を主に述べましたが、中国でも小白菜と呼ばれる不結球アブラナ類野菜の改良が華中以南で進められました。日本在来のツケナに比べて多肉のタイサイやタアサイが明治に、さらに多肉のチンゲンサイ（白肉はパクチョイ）が日中国交回復後に、またナバナでもコウサイタイ（紅菜苔）やサイシン（菜心）などが導入され、直接、あるいは交配親として日本でも利用されました。

〈中国野菜〉

日本在来のツケナ・ナバナのほかにも、多数の中国野菜が導入された。

周年野菜としてのツケナ

ツケナは漬物用の野菜を意識して命名されたのでしょうが、現在は家庭調理用も多くなり、生鮮野菜として周年供給を必要とする種類が増えました。チンゲンサイ、コマツナ、キョウナなどがその代表で、もはや**ツケナ**の範疇から独立した野菜となっています。チンゲンサイが中国との国交回復後に再導入された、いわゆる中国野菜であるのに対し、キョウナは日本古来の野菜であり、コマツナもカブとの交雑から生まれたといわれる日本独自の野菜です。

ツケナの作型

1．葉菜

ツケナ類の生態特性は前項のハクサイとほぼ同様ですが、違うのは結球の必要がなく、生育期間が短いことです。適期には1カ月内外、寒期でもその倍程度で収穫できるものが多く、チンゲンサイ、コマツナのほか小型サントウサイ（ベカナ）、若どりキョウナなどがあります。これら短期型ツケナに共通する作型特性を簡単に説明しておきます。

暑さに弱い結球期がないので、夏越しの作型が可能になり、また結球葉数を確保する必要がないため、低温による花茎頂分化もそれほど気にならず、春の早まきも可能です。このように露地栽培できる期間が多くなりますが、一方、ハクサイのように外葉により保護されないので、寒期には凍霜害を受けやすく、保護が望まれます。

比較的暖かい寒冷地なら、ハウスを利用すれば無加温でも周年栽培が可能で、ハウスは夏季には天井被覆だけの雨よけハウスとして、さらには寒冷紗《かんれいしゃ》や防虫ネット併用により葉の品質向上を図れますので、簡易ハウスを利用した周年栽培が増えています。

↑コマツナの収穫。

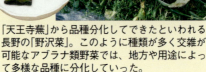

品種特性では春どり用には晩抽性《ばんちゅう》が、また低温期には伸長性、逆に高温期には徒長抑制が要求されます。

2カ月以上を要する大株栽培では、ハクサイ同様高温が問題となり、秋まき栽培が主体となります。

2. ナバナ

ナバナの場合は花茎形成に一定の低温が必要です。また、それまでに十分な株を作っておかないと立派な花茎ができないので、夏・秋まき、冬・春収穫が一般で、寒冷地では冬季保温が多くなります。

↑ナバナの花。花茎形成に一定の低温が必要なため、夏秋まき〜冬春どりが一般的。

カラシナ・タカナ

ともに図10-1ABのカラシナ類で、Aアブラナ類とBクロガラシの複二倍種です。香辛料として洋ガラシがクロガラシから、和カラシがカラシナ類から作られますが、このカラシナ類から葉菜として分化したものが、カラシナとタカナで、名前どおり葉茎も辛みのある独特の風味を有しています。

野菜としてのカラシナ類は中国と日本で発達したもので、古来の野菜であること、地方野菜が多いこと、トウも利用すること、漬物としての利用が多いことなど、前述のツケナに似ています。

カラシナが比較的小株で、葉は薄い上に小さく、葉の切れ込みと毛が多いのに対し、タカナは株や葉が大きく葉の切れ込みや毛が少なくなります。タカナの中でもさらに葉の厚いものを多肉タカナと呼びます。

その名のとおり、葉茎に独特の辛みのある「カラシナ」。カラシナと比較して葉が厚く切れ込みの少ない「タカナ」。

カラシナ類の生態

カラシナ類は低緯度からかなりの高緯度まで広く分布している、適応力が強い作物です。アブラナ科作物の中では暑さに強く、中国でも南部に発達しており、日本でも九州・四国に産地が多く見られますが、寒冷地にも低温性品種が適応しています。

カラシナ類の顕著な特性はアブラナ科野菜としては珍しく花成に低温をほとんど必要とせず、長日にのみ反応することです。それも品種によっては比較的短い日長にも反応し、熱帯でも開花できるし、日本の冬でも花成が進む品種が多くあります。

カラシナ類の作型

低温に関係なく長日で抽苔《ちゅうだい》するので、ハクサイやツケナでは安全となる晩春まき栽培でも容易に抽苔し、また高温には比較的強いとはいってもやはり冷涼を好みますので、秋まき栽培が主となります。すべて露地栽培で直播できますが、水田裏作などの場合には移植栽培とします。

1. カラシナ

秋まきでの春の抽苔は比較的早いのですが、若い花茎が太くやわらかいので、花茎が少し伸びたころ（温暖地で3〜4月）に収穫します。

品種には、「葉カラシナ」「黄カラシナ」、地方品種としては「山潮菜」（福岡）などがあります。

沖縄では高温性の在来種を使って、播種後1カ月程度で収穫する周年栽培が行われているようです。

2. タカナ

地方品種として、「かつお菜」などがあります。伸長する茎から成熟葉を順次摘みかき収穫するもので、浅漬けのみでなく、煮物にも利用されます。

3. 多肉性タカナ

福岡県の「三池高菜」が最も有名で、漬物が全国で消費されています。抽苔が遅く、福岡県では10月に播種し、4月上中旬ごろにトウが伸び始めたころに収穫します。

寒冷地用の多肉性タカナとして、「山形青菜」があります。

↑全国で漬物用として栽培されている「三池高菜」は、多肉性タカナの一種。

←タキイが育成した赤いカラシナ「コーラルリーフフェザー」の圃場。基本は秋まき栽培が主体。

←福岡県の地方野菜「かつお菜」もタカナの仲間。漬物だけでなく煮物にも適する。

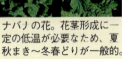

11 アブラナ科各論（3）
キャベツ・ブロッコリー（カリフラワー）

ここではブラシカ属（34ページ図8－2参照）で残っているキャベツ類を取り上げます。表題の3野菜のほかケール、カイラン、メキャベツ、コールラビなどが同種に含まれます。

キャベツ

地中海周辺の起源とされ、ヨーロッパを中心に発達しました。日本への本格的導入は新しく、明治に入ってからですが、現在では最も重要な葉菜となっています。

当初導入されたオランダやデンマークなどの中・北欧の品種は、日本の夏を乗り切れず、わずかに一部の品種が北海道に土着したにすぎませんでした。しかし幸いにキャベツはすでに世界中に広く分布していましたので、その中から耐暑性の強い品種、基本栄養相（21ページ参照）の長い品種、春の抽苔が遅い品種など、各種生態をもった育種材料を収集し、交雑・選抜の結果、豊富な品種が育成され、周年安定生産が可能となったのです。

↑世界中に広く分布し、交雑・育種の結果、日本では周年安定生産が可能となったキャベツ。

消費面からみると、欧米には発酵させた塩漬けキャベツ（ザワークラウト）などの加工があるのに対し、日本では生鮮物の家庭調理が主ですので、それだけ周年生産の必要性が高いわけです。

作型と関連する作物特性

花成と環境　グリーンバーナリ型植物（25ページ参照）です。

生育温度　生育適温は15～20℃ですが、耐寒性、耐暑性ともにハクサイ類より強いといえます。

栽培所要期間　播種期、品種により異なりますが、一般に適温下で3～4カ月です。

生態以外の品種特性　高温期に多発する萎黄《いおう》病には多くの抵抗性品種が利用され、根こぶ病にも抵抗性品種が発表され始めています。

基本作型と特徴

図11－1に基本作型と地域別作期を示します。地域内の作期の配列順は上から寒→暖の流れに沿うようにしてあります。播種から収穫までの期間は品種の早晩性により1カ月近く異なる場合があります。

図11-1　キャベツの基本作型と地域別作期

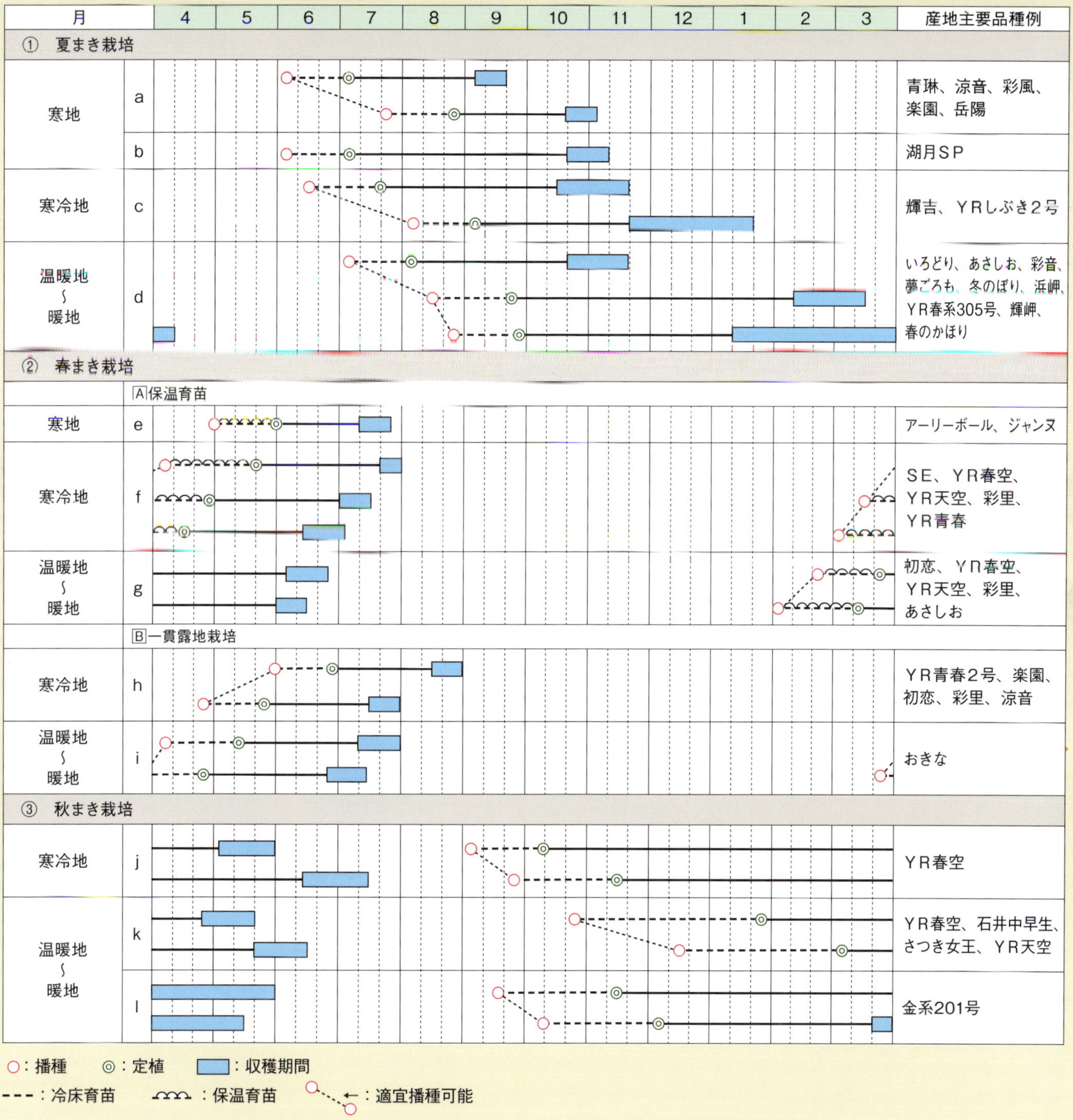

キャベツは移植に強いので、すべての作型で苗床育苗が一般的です。広い本圃《ぽ》の環境調節にはコスト問題がありますので、ここでは環境調節は苗床段階にとどめ、定植後は露地栽培の作型に絞りました。

↑キャベツはすべての作型において、苗床育苗が一般的。

夏まき栽培（図11-1…①）　通常は春まき、夏まき、秋まきの順に説明しますが、ここでは夏まきから入ります。

当初日本に導入された中・北欧品種がまず北海道に土着したと述べましたが、その原型が夏まき栽培で、日本でも夏が冷涼で冬の厳しい寒地では夏まきが普通の栽培となります。

寒地での播種〜収穫を一貫した露地栽培は6月上旬〜7月下旬播種、9月上旬〜11月上旬収穫（**図中a**）となります。寒地以外の地域では暑さと寒さに挟まれて生育期間が限られるので、比較的早生の小球品種が多いのですが、北海道では6〜10月という5カ月の生育期間をフルに活用した晩生大球生産も可能です（**図中b**）。

産地が南下するにつれて寒期が遅

れますので、播種期を遅くできますが（図中c）、あまり播種期が遅れると真冬までに結球させることができないので、温暖地でも8月末までに播種を終えます（図中d）。キャベツは耐寒性が強いとはいえ、結球開始後は寒害を受けやすいので、越年どりでは暖地が有利で、また特に3～4月の遅どりには晩抽性品種の利用が必要です。

以上のように夏まき栽培は主として9月～3月のキャベツ生産をカバーします。

春まき栽培（図11-1…②）　気温上昇期の栽培で、結球期の暑さを避けるために早まきが必要です。

Ⓐ保温育苗　夏まき栽培で述べたように、寒地での露地播種は6月以降で、それ以前は保温育苗が必要です。寒地における例として5月初め播種、6月初め定植（図中e）があげられます。以後、地域の温暖化につれ播種期が早まり、寒冷地では4月上旬～3月上旬（図中f）、温暖地～暖地では2月下旬～2月上旬（図中g）と移行します。

Ⓑ一貫露地栽培　寒冷地では5月末～4月下旬（図中h）、温暖地～暖地では4月上旬～3月下旬（図中i）の播種となり、保温育苗より1カ月ほど遅くなります。

収穫期は品種の早晩性により違いますが、図のように春まき栽培は主として6～8月のキャベツ生産をカバーします。

秋まき栽培（図11-1…③）　特に日本で発達した独特の作型といえます。キャベツがグリーンバーナリ型であることを利用して、基本栄養生長相の間に冬の低温期を過ごし、翌春に生長を再開し結球させます。当然、春まき栽培より早く収穫できます。

秋の播種が早すぎると、低温期までに基本栄養相を超えてしまうので、品種に応じて播種期を変えます。

大消費地の多い関東～関西の一般温暖地では夏まき栽培の収穫期はせいぜい3月まで、また春まきの露地一貫栽培では7月以降の収穫となるので、4～6月が手薄のシーズンとなり、秋まき栽培がここに入ります。

キャベツの作型は、
夏まき栽培（主として9月～3月どり）、
春まき栽培（主として6～8月どり）、
秋まき栽培（主として4～6月どり）
があり、周年安定した供給体制が
整っています。

5～6月収穫は春の肥大開始をそれほど急がないので、品種の基本栄養生長相もそれほど長くを要求せず、播種期も10～11月と暑さが過ぎてからでよく、結球肥大期もまだ涼しく、比較的栽培しやすい作型で、大都市近郊での栽培も多く見られます（図中k）。

4月以前収穫（図中l）は春の昇温の早い暖地が有利です。品種には基本栄養生長相が長く、しかも低温下での球肥大の速い早生性が必要です。基本栄養生長相を本葉20枚近くまで保持する品種もありますが、実際には安全を見て14枚程度で越年するようにします。

以上のように季節ごとの適地と適品種の利用により日本全体としての供給体制が整っています。

ブロッコリー（カリフラワー）

ブロッコリーもカリフラワーもキャベツ同様、地中海沿岸の起源ですが、主に南欧イタリアで改良が進み、広く欧米に普及したのは18世紀と、比較的新しい作物です。日本には明治初期に導入されましたが、一般栽培には戦後まで取り上げられませんでした。

私が野菜の仕事を始めた昭和30年ごろ、食生活の洋風化に伴い、すでに普及していたキャベツやトマトなどの欧米輸入野菜と区別して、新しい種類が「洋菜」として取り上げられ、その中にハナヤサイ（カリフラワー）とブロッコリーがありました。そのころはカリフラワーが主でしたが、その後有色野菜が重視され、特にブロッコリーは栄養価が高いということで、現在では消費でカリフラワーを引き離しています。そういった状況ですから、ここでは主としてブロッコリーを取り上げます。

↑日本では戦後に普及したブロッコリー、カリフラワー。

作型と関連する作物特性

花成と環境　キャベツなどの葉菜生産では花成が障害であるのに対し、ブロッコリーやカリフラワーの花茎菜では花蕾《からい》発達の出発点として花茎頂分化が必要であり、花成の早晩が収穫の早晩に直結します。

キャベツ同様、グリーンバーナリ型植物なので、基本栄養生長相と低温要求性（低温度と遭遇時間）が花成に関与し、ブロッコリーの早生品

図11-2　ブロッコリーの基本作型と地域別作期

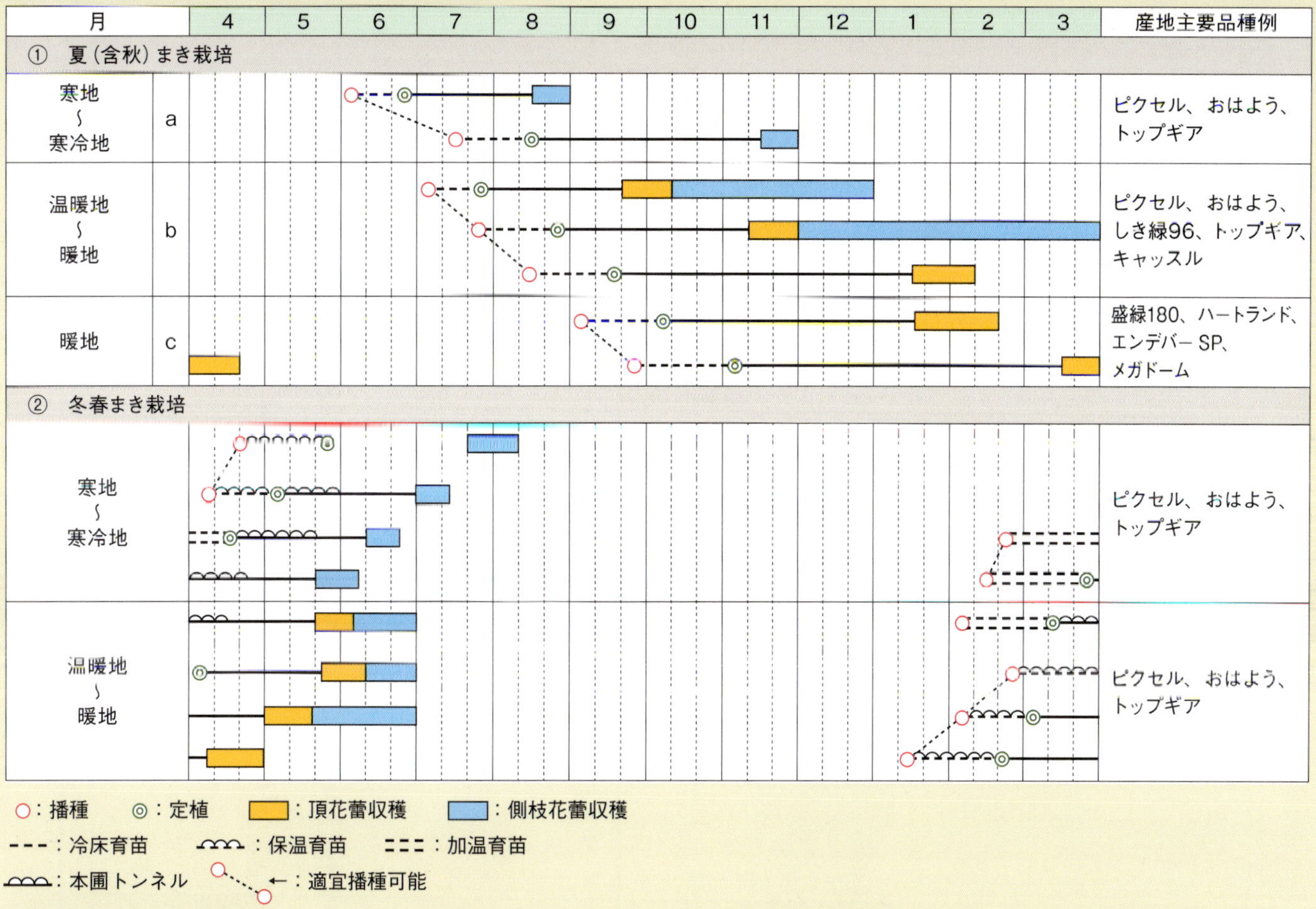

種では葉数5～6枚で15℃以下に3～4週間、中生品種では葉数10枚で15℃以下に6週間、晩生品種では本葉15枚で10℃以下に6週間以上の低温遭遇が必要とされます。

花茎頂分化後の花蕾発達と抽苔に長日を特に必要としないこともキャベツなどと異なる点です。

生育温度　適温は茎葉、花蕾ともに15～20℃とされますが、茎葉時は比較的低・高温に耐えるのに対し、花蕾発達時には低・高温に敏感となり、種々の異常花蕾が発生します。

基本作型と特徴　代表的作型を図11-2に示します。地域内の作期配列は寒→暖の流れに沿うようにしてあります。播種から収穫までの期間は、品種の早晩性によって幾分違ってきます。頂花蕾収穫と側枝花蕾収穫と分けて記載した作型がありますが、販売には頂花蕾を主とする場合が多く、頂花蕾専用の品種もあります。

夏(含む秋)まき栽培（図11-2…①）　比較的暑さに強い栄養生長期に高温期をすごし、秋の冷涼下に花蕾を形成する、栽培容易な基本的な作型です。寒地から暖地へと播種期が遅くなります。

↑ブロッコリーのリーフィー（さし葉）。花蕾は低・高温に敏感で異常花蕾になりやすい。

寒地～寒冷地（**図中a**）では10～11月収穫が温暖地と競合するので、8～9月収穫が大事な季節となり、できるだけ早生の品種を用います。また次の冬春まきを含め、高温期出荷には予冷などの鮮度保持対策が必要です。ブロッコリーの収穫物は生長中の花蕾ですので、呼吸が盛んで鮮度が非常に劣化しやすいのです。

温暖地～暖地（**図中b**）では播種期と品種の組み合わせにより秋から翌春までの収穫が可能です。図示した側枝花蕾の収穫期間は一例であって、品種と草勢によって調節できます。

図中cの9月まき栽培は、暖地の立地と晩生品種の利用によって1～4月に頂花蕾を収穫するものです。

冬春まき栽培（図11-2…②）　昇温期の栽培で、高温下での花蕾形成を避けるためには、早生品種を早まきする必要があります。当然、播種期は低温となりますが、花茎頂分化が早すぎると、株が小さくなり、貧弱な花蕾しかできないので、少なくとも保温育苗が、多くの場合加温育苗とトンネル定植が必要となります。

図のように暖地にいくほど早い播種・収穫となります。

12 アブラナ科各論（4）

ダイコン

ここでは古来より
多様な品種が分化し、
江戸時代にはほぼ周年栽培が
達成されていた「日本の野菜」
ダイコンの生態と作型について
解説します。

ダイコンの来歴

現在の重要性に加えて、その歴史的重みを考えれば、ダイコンこそ、「日本の野菜」といってもよい存在であると思います（35ページ参照）。

江戸時代までのダイコンの重要性は、キャベツ、ハクサイ、タマネギなどの、現在の主要な葉根菜が当時はまだ日本になかったことを考えれば、容易に理解されると思います。利用法も現在同様、煮物、おろしなど、青果としてのみでなく、切干ダイコン、たくあん漬などの加工に及び、さらには間引き菜としても利用されるなど、多岐にわたっていました。

↑収穫された「桜島大根」。

ダイコンは古来より中国からの移入種と、日本自生種が交雑しながら日本独自の品種を生み出し、江戸時代にはすでに周年栽培がほぼ達成されていました。

私の恩師である杉山直儀先生の、『江戸時代の野菜の品種』（養賢堂、1995年）には、‘尾張大根’‘宮重大根’‘練馬大根’など通常の秋まき冬どり品種のほか、‘三月大根’や‘夏大根’といった春夏どり品種の名前が

郵便はがき

1078668

おそれいりますが切手をはってお出し下さい

（受取人）
東京都港区
赤坂郵便局
私書箱第十五号

農文協
http://www.ruralnet.or.jp/
読者カード係 行

◎このカードは当会の今後の刊行計画及び、新刊等の案内に役だたせていただきたいと思います。　はじめての方は○印を（　）

ご住所	（〒　－　） TEL： FAX：	
お名前	男・女　歳	
E-mail：		
ご職業	公務員・会社員・自営業・自由業・主婦・農漁業・教職員(大学・短大・高校・中学・小学・他）研究生・学生・団体職員・その他（　）	
お勤め先・学校名		日頃ご覧の新聞・雑誌名

※この葉書にお書きいただいた個人情報は、新刊案内や見本誌送付、ご注文品の配送、確認等の連絡のために使用し、その目的以外での利用はいたしません。

● ご感想をインターネット等で紹介させていただく場合がございます。ご了承下さい。
● 送料無料・農文協以外の書籍も注文できる会員制通販書店「田舎の本屋さん」入会募集中！
案内進呈します。　希望□

■毎月抽選で10名様に見本誌を1冊進呈■（ご希望の雑誌名ひとつに○を）

①現代農業　②季刊 地 域　③うかたま　④のらのら

お客様コード

O14.07

お買上げの本

■ご購入いただいた書店（　　　　書店）

●本書についてご感想など

●今後の出版物についてのご希望など

この本をお求めの動機	広告を見て（紙・誌名）	書店で見て	書評を見て（紙・誌名）	出版ダイジェストを見て	知人・先生のすすめで	図書館で見て

◇新規注文書◇　郵送ご希望の場合、送料をご負担いただきます。

購入希望の図書がありましたら、下記へご記入下さい。お支払いは郵便振替でお願いします。

（書名）	（定価）¥	（部数）　部
（書名）	（定価）¥	（部数）　部

あげられています。

このように、キャベツなどと異なり、ダイコンでは周年生産に必要な素材品種がすでに江戸時代までに国内でそろっていたのです。

形状においても江戸時代の品種は多彩で、皆さんご承知のとおり、極めて長く細い「守口大根」から、太く大きな「桜島大根」まで、また色でも「赤大根」「紫大根」「黒大根」といろいろありました。タキイ種苗編の『地方野菜大全』（農文協、2002年）に掲載されている地方野菜の数においてもダイコンがトップを占めています。

江戸時代のダイコン

色・形が多様で、周年生産に適する素材品種がそろっている。

→鹿児島県原産の「桜島大根」。甘みに富み煮食・粕漬に向く。

→極めて長細く、漬物として利用される「守口大根」。

→白首系の秋まき冬どり品種「練馬大根」。干したくあんに向く。

現代品種の均一性

江戸時代の多様性と比較して現在、青果として流通しているダイコン品種の大部分は、首（**胚軸起源、15ページ参照**）が緑を帯び、また尻までほぼ均等に肥大した、いわゆる青首総太り品種です。これはタキイ種苗が昭和49年に発表した「耐病総太り」が一言でいえばその作りやすさと高品質から、大好評を得たので、その後類似した品種が多くの地域、作型で採用されるようになったからです。規格統一は流通の効率化にも有利でした。

もちろん青首総太りタイプ以外にも用途・地域に応じて特色のある品種が、たとえば本漬たくあん（浅漬に対し）には干しやすいやや細長いタイプが、またおろし用には適度に辛みのある品種が用いられます。また、青首総太りの抽根性に対し首がほとんど地上に出ない吸い込み性品種は耕土の深い地域で利用できます。

以上のように、現在の青果品種の大部分は青首総太りタイプの外観をもっていますが、生態特性については秋冬どり、春どり、夏どりと、各作型によってそれぞれ異なるものが要求されます。

周年供給のための一セットの品種群を一つの野球チームにたとえれば、

→その栽培性と品質の高さで、市場の主流を青首総太り系に塗り替えた「耐病総太り」。

→漬物用でやや細長い形状の品種「干し理想」。首が細くて干しやすい。

現在のダイコンチームは、全選手が青首総太りというユニフォームを着ながら、それぞれの守備範囲（作型）に応じた技能（この場合は生態特性）をもったチームといえます。これに対して、江戸時代のチームは、「三月大根」や「夏大根」など、バラバラの服装のチームです。チーム各員の

現代の品種

用途やまき時期などそれぞれ異なるが、大部分が青首総太りタイプの外観をもっている。

→寒さに強く冬どりに向く「千都」。

→低温でも太りがよい青首の春ダイコン「つや風」。

→高温による生理障害が少なく、夏秋どりに適する「夏の翼」。

技能を維持しながら同じ外観にすることは、外観も複雑な遺伝性であることから、それだけ多くの品種改良努力がなされたわけです。

品種改良で
青首総太り系ダイコンが
大部分を占めた結果、
規格統一が図られ、
流通の効率化においても
有利に働きました。

作型と関連する作物特性

①花成と環境

シードバーナリ型（20〜23ページ参照）で、発芽中から低温に感応します。

↑ダイコンはシードバーナリ型。（写真：ダイコンの発芽）

②生育温度

全体としての適温は17〜20℃で冷涼を好みます。茎葉の耐寒性は強いのですが、直根の伸長・肥大は地温の影響を強く受けます。前半は地温が20℃以上の高温の方がよく伸びますが、後半の肥大は15℃以下の低温の方が良好です。直根の肥大終了後は寒暑、特に暑さに弱くなります。抽根部は低温で肥大が悪く、凍害も受けやすくなります。

↑直根の伸長・肥大は、地温が前半は高温、後半になるにつれて低温で良好になる。

③栽培所要時間

比較的高温期で2カ月程度といえます。

④生態以外の品種特性

比較的高温性の土壌病害である萎《い》黄《おう》病に対して抵抗性（YR）品種が増えていますが、完全な抵抗性でなく、時には発病の見られる場合もあります。モザイク（ウイルス）病にも強い品種が開発されています。

基本作型と特徴

図12-1に基本作型と地域別作期を示します。地域内の作期の配列順は上から低温域〜高温域の流れに沿うようにしてあります。

①秋まき栽培

秋まきと名づけましたが、図のように寒地では7月下旬から、温暖地でも8月下旬からと、カレンダー季節では夏まきが含まれます。要は、若い時期に暑さを乗り切り、比較的涼しくなってから根を肥大させる作型で、ダイコンに最も適した基本作型です。中でも年内どりはきわめて安定した作型で、加工用や地方品種の大半はこの作型です。

年明け、特に2〜3月収穫の作型は寒害を受けやすいので、暖地が有利となり、ベタがけ（不織布などを使った簡易全面被覆）などによる凍霜害防除が有効です。品種としては低温肥大性であること、ス入りの遅いこと、晩抽性であることなどが要求されます。

このように秋まき栽培は主として10月〜3月のダイコン生産をカバーします。

②冬・春まき栽培

気温上昇期の栽培で、初期の低温と後期の高温が障害となります。

A 保温栽培

直根類であり、移植によって収穫部分である幼根を損なわれることから、苗床が利用できず、低温回避には本圃《ぽ》での保・加温が必要です（30ページ参照）。大面積栽培が多いので、経費の安いトンネル栽培が多くなり、図もトンネル栽培を主としましたが、11〜12月播種のハウス栽培もわずかながら行われます。トンネル栽培でデバーナリが有効に働くことは31ページで述べました。バーナリには特に播種後1週間程度の低温の影響が大といわれ、そのころの幼植物は地面に密着しているので、地温の影響をもろに受けます。そこで播種以前にあらかじめマルチ、トンネル被覆を行い、地温を上げておく必要があります。

花茎頂分化が遅く、また、根の低温伸張性の高い品種が適します。

秋まき栽培
↑ダイコンには最も適した作型。年明け以降の収穫では寒害を防ぐためベタがけを行う。

B 露地栽培

播種期が遅くなるほど根肥大期が高温になるので、図のように寒冷地で6月上旬、暖地では4月下旬から播種しますが、それでも時の天候に

アブラナ科各論(4)

図12-1　ダイコンの基本作型と地域別作期

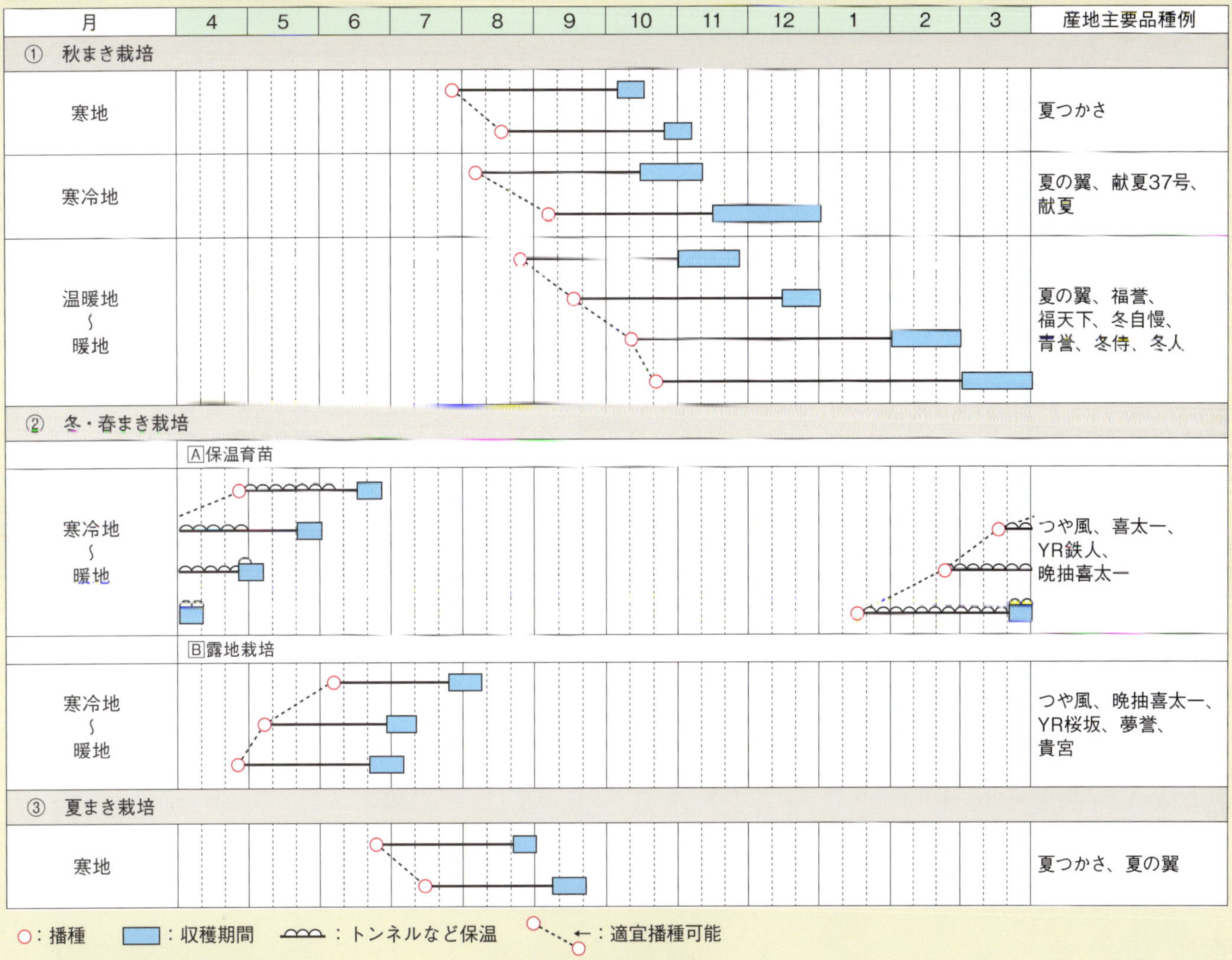

夏まき栽培

→6～7月播種、8～9月収穫と高温期にまたがるので、寒地での栽培が主体。

冬・春まき栽培（保温栽培）

→11～12月播種のハウス栽培もわずかながら行われている。

→厳寒期の播種では、低温回避のため播種前からマルチ・トンネル被覆をし地温を上げる。

よってはバーナリの危険性も残るので、マルチなどによる地温向上が望まれます。

図のように冬・春まき栽培は3月下旬～8月上旬のダイコン生産をカバーし、5月以前の生産は温暖地・暖地が、6月以降の生産は寒冷地が適地となります。

③夏まき栽培

6～7月まき、8～9月収穫の、夏にまたがっての栽培で、寒地が主体となります。

このように夏まき栽培が、冬・春まき栽培と秋まき栽培を連結して、ダイコンの周年栽培が整っています。

ダイコンの作型は、
低温期に根を肥大させる
秋まき栽培（10月～3月どり）、
気温上昇期に根を肥大させる
冬・春まき栽培（3月下旬～8月上旬どり）、
寒地主体で夏をまたいで栽培する
夏まき栽培（8～9月どり）の3つで
周年出荷を実現させています。

13

セリ科野菜

ニンジン・セルリー（セロリ）・パセリ

ここではアブラナ科野菜に続いて、セリ科野菜を紹介します。根菜では常備菜として代表的なニンジン、葉菜ではセルリーとパセリを取り上げます。

前項まで5回にわたってアブラナ科野菜について述べましたが、今回はセリ科野菜を取り上げます。根菜としてはニンジン、葉菜としてはセルリー、パセリ、ミツバがあります。

ニンジン

英語のキャロット、また学名（種名）のカロータから類推できるように、カロテン（ビタミンAの源）の豊富な野菜です。

東西で別途の発展

起源は中央アジアのアフガニスタンといわれますが、東西の両方向に発展し、同じ起源でも西のヨーロッパ中心に発達した西洋種と東の中国などで発達した東洋種では、それぞれの地域環境の影響を受けて、かなり違った特性をもつグループに分かれました。

↑セリ科の根菜の代表格。橙色以外にも紫、赤などがあり、主に西洋種と東洋種に分けられるニンジン。

まず根（実際は胚軸と幼根、15ページ図3－2参照）の色ですが、起源地ではもともと紫、赤、白、黄などだったようで、現在の西洋種の有している橙赤色(カロテン色素による）は、16世紀にオランダで初めて出現したようです。ちなみに京都などに多い金時ニンジンは東洋種ですが、その赤色はリコピン色素によるものです。

また根の形はもともとは細長い先細りのものでしたが、比較的短根で先端までが肥大した総太り型が、やはりヨーロッパで開発されました。

生態特性ではもともとのニンジンは非常に抽苔しやすいものでしたが、抽苔しにくい品種がこれまたヨーロッパで開発されました。

日本には17世紀前半に東洋種が導入され、江戸時代はニンジンといえば東洋種でした。西洋種は18世紀末に導入されましたが、普及は遅れ、明治になって一部が北海道に土着しました。その後、当初嫌われたカロテン臭（いわゆるニンジン臭）も漸次改良され、上述の抽苔しにくさ、長～短の品種を選ぶことにより耕土の深浅に対応できるなどの栽培上の利点から、次第にニンジンの主流となり、現在では東洋種は金時ニンジンが関西で若干栽培される程度になっています。

西洋種

↑橙赤色で短根の総太り型。抽苔しにくい品種が多数開発され、現在のニンジンの主流となっている。（写真：「向陽二号」）

東洋種

↑赤色で根形が細長く、西洋種よりは抽苔しやすい。現在は主に関西で一部の品種が栽培されている。（写真：「本紅金時」）

作型と関連する作物特性

①花成と環境

長日植物で、グリーンバーナリ型（**21ページ参照**）です。基本栄養生長相の長さ、感応する低温と日長の程度などにより抽苔の早晩が決まりますが、西洋種が抽苔しにくいように改良されているのに対し、東洋種はあまり改良が進んでいません。

これは両種が発展した地域の気候差によるもので、西洋種が発達したヨーロッパでは夏が冷涼な地域が多く、夏に根を肥大させる作型が容易なので、播種期が春となり、春の低温に遭遇しても抽苔しない品種が必要で、その方向に改良されました。

それに対し、東洋種が発達した中国華北などでは夏が根の肥大には暑すぎるので、比較的暑さに強い幼苗期で夏を過ごし、秋に肥大させる作型が主になったため、春の低温による抽苔を気にする必要がなかったためです。

②生育温度

適温は20℃内外（18～21℃）で、幼苗時は寒暑に比較的強いのですが、直根の肥大・着色期は暑さ、寒さともに敏感となります。

③栽培所要時間

100日から120日程度を要します。

同じ直根類のダイコンが約2カ月（60日程度）だったのに対し、ダイコンよりも小さなニンジンが2倍近くの生育日数を要しますが、単位重量当たりの保有エネルギー量はニンジンがダイコンの2倍ありますので、エネルギー生産日数と考えれば同じ程度になります。

直根類ですから、ダイコン同様、播種から収穫まで本圃《ぽ》で過ごさねばならないので、暑さと寒さに挟まれて適温期間の短い日本の一般地では、生育日数の長いニンジンの方がダイコンよりも不良環境期、つまり周到な管理を必要とする期間が長くなります。

↑抽苔を回避するため、作型による品種の選定、播種時期の保温などの温度管理が重要になる。（写真：ニンジンの抽苔）

↑長日植物でグリーンバーナリ型。

↑発芽・幼苗期に比べると直根の肥大期は寒暑に敏感になる。

基本作型と特徴

図13－1に基本作型と地域別作期を示します。地域内の作期の配列順は上から低温域～高温域の流れに沿うようにしてあります。

夏まき栽培（図13－1の①）

秋冷となってから直根を肥大させる作型で、温暖地以南での基本作型となっています。生育期間の短いダイコンであれば9月以降の秋まきで間に合いますが、生育期間の長いニンジンでは夏まきしなければならないのです。

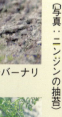

図13-1　ニンジンの基本作型と地域別作期

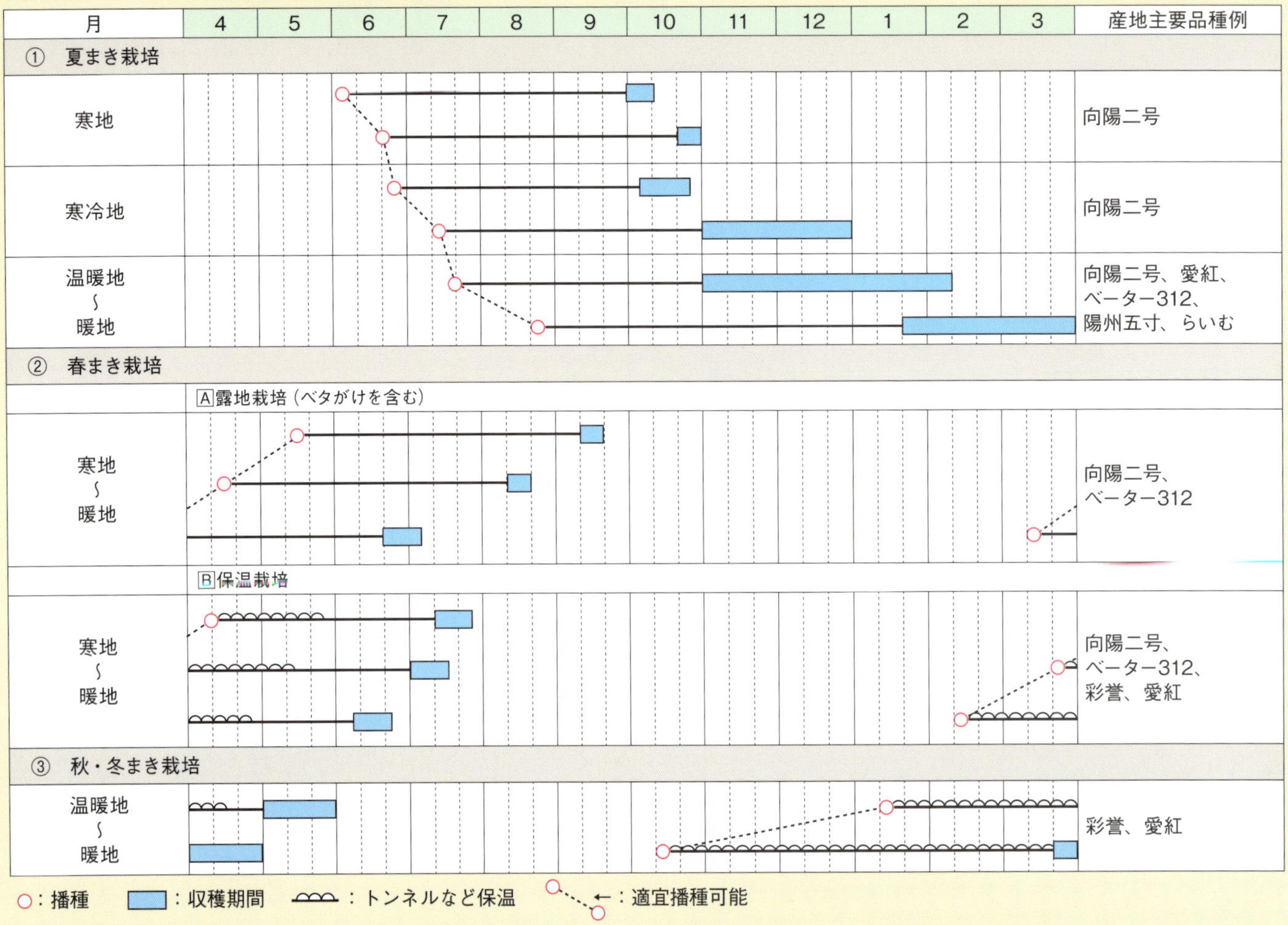

図①に示したように、寒地〜暖地に従って播種期は遅くなり、温暖地では7月中下旬の真夏となります。同じ夏まきでもキャベツのような移植可能な野菜では、暑い初期を苗床で保護することができますが、直根類のニンジンでは本圃で直まきなので暑さ対策が大変です。発芽・幼苗期の管理、特に土壌表面の水分保持と温度の上昇防止に努める必要があります。

生育前半が高温なので、抽苔の危険性が少なく、抽苔しやすい東洋種'金時'の栽培は、この作型に限られます。

夏まき栽培で、10月〜3月までの生産をカバーします。

春まき栽培（図13-1の②）

6〜9月の高温期を収穫期とするので、寒地・寒冷地が有利ですが、播種が低温期になるので、抽苔に注意が肝要です。暖地で4月以前、寒地では5月中旬以前の播種ではまだ抽苔の危険性があるので、晩抽性品種を使うとともに、トンネル、マルチやベタがけによる保温が要求されます。

秋・冬まき栽培（図13-1の③）

中秋〜冬に播種して3〜5月に収穫する作型で、暖地が有利です。大変抽苔しやすい気象条件で、晩抽性品種の利用が必要です。被覆期間が長いので、中で簡単な管理作業を行えるような大トンネル（ミニハウス）を用い、気温上昇に従ってフィルムに適当に穴をあけて、換気労力を省くなどの工夫がされています。

↑主に10月から翌年3月までの生産をカバーする、夏まき栽培。（写真「陽州五寸」の収穫。1月）

↑春まき栽培では、播種が低温期となるため、トンネルやベタがけマルチなどでの保温対策が必要となる。

↑秋・冬まき栽培は被覆期間が長いので、中で簡単な作業を行える大トンネル（ミニハウス）を利用して栽培される。

10月～3月収穫の夏まき栽培、
6～9月の高温期を収穫期とする春まき栽培、
3～5月に収穫する秋・冬まき栽培と、
ニンジンではキャベツと同様、
ほぼ周年の出荷が可能となっています。

セリ科葉菜

セリ科葉菜はいずれも本書の趣旨である、作型に対応する品種分化がそれほど明らかでないので、ここではセルリーとパセリについて、ごく概略を述べるにとどめます。

1.セルリー（セロリ）

地中海沿岸などのヨーロッパ起源とされています。

生育適温は15～25℃で、比較的低温に耐えますが、品質を保つには3～5℃は保ちたいものです。高温に弱く、25℃以上では生育が減退し、品質も劣化します。

ハクサイなどに比べて小型の野菜なのにもかかわらず、生育に長期間を要し、比較的高温期の栽培でも5カ月近く、低温期がかかる作型では半年ほど要します。

グリーンバーナリ型植物で、生育前半が低温の作型では保・加温による抽苔防止が必要です。

7～10月の高温期収穫は寒地・寒冷地が適し、播種期は1～5月で、大部分が温床育苗とトンネル定植を必要とします。

温暖地・暖地では夏季を避けた収穫となり、5～6月まき、10～12月収穫では露地栽培が可能ですが、12月以降4月までの収穫期では生育期間の後半が、また、5～6月の収穫には生育前半の保・加温が要求されます。

このようにセルリーは生育期間が長いためにほとんどの作型で保・加温を要する時期が生じ、省力や品質向上にプラスとなるハウス栽培が増えています。

↑省力や品質向上のため近年ではハウス栽培が増えてきているセルリー。

2.パセリ

地中海沿岸起源とされるグリーンバーナリ型植物です。

生育適温は15～20℃、25℃以上では軟弱になり品質が低下します。低温には強く、5℃くらいまで収穫が可能です。

播種から収穫までの日数は季節により3～6カ月と変わりますが、いずれも葉数が12枚程度になってから収穫を始め、1回に数葉ずつ収穫し、草勢が維持できれば1年近く収穫できます。

冷涼を好むので、高温期栽培は寒地・寒冷地が有利ですが、4～5月収穫開始では9～11月まき、6～7月収穫開始では1～4月まきとなり、いずれも保・加温を要求する季節を含みます。

温暖地・暖地では高温期を避けた収穫期が好ましく10月以降の秋収穫開始（5～7月まき）では収穫期を延長したいので、ハウスが必要となります。

4～5月の春収穫開始では10～11月の秋まき栽培となります。グリーンバーナリ型であるために、キャベツ同様（**46ページ参照**）に小株で越冬すれば花茎頂を分化せず翌春に生長を再開するわけです。秋まき栽培では猛暑を迎える7月で収穫を終える場合が多いですが、比較的冷涼な地域では夏を通して収穫を続けることもあります。この場合、遮光が有効です。

以上のように保・加温育苗、遮光、秋冬の収穫期間延長などの諸点で有利なハウス利用が増えています。

↑生育適温は15～20℃、冷涼な気候を好むパセリ。

14

ユリ科野菜①

長日型休眠ユリ科野菜　タマネギ・ニンニク

ユリ科野菜は、蓄積養分（球）を利用する野菜（タマネギ・ニンニクなど）と若い茎葉を利用する野菜（ニラ・アスパラガスなど）に分けられます。ここでは長日休眠性ユリ科野菜であるタマネギ・ニンニクの生態と作型について解説します。

ユリ科野菜の休眠

ユリ科野菜の主体であるネギ属野菜にアスパラガスも加えて、いずれも休眠が関係する作物です。

休眠（9～11ページ参照）は植物体が不良環境を乗り切るために、生長を一時止めて消耗を防ぐ現象ですが、休眠に先立って特定の器官に養分を蓄積するのが通常です。

蓄積養分を収穫する例として、タマネギの球は休眠準備として葉鞘（葉の基部）に養分を蓄積して肥大した結果です。同類にラッキョウ、ニンニク、ワケギなどがあり、それぞれ養分を蓄積します。

これに対し、ニラやアスパラガスは若い茎葉を食べるもので、休眠中は生産されませんが、その代わりに、休眠明けには地下茎などに蓄積された養分を利用して、通常より勢いのよい若い芽が生長します。

以上、どちらのグループにせよ、ユリ科野菜の作型には休眠特性の理解が不可欠です。

もちろん生育気温、花成環境などの休眠以外の生態も重要ですが、必要に応じて各論で述べます。

長日型休眠と短日型休眠

休眠を要求する不良環境として冬の寒さと夏の高温・乾燥があります。休眠体制の完了には一定期間が必要なので、植物は冬の到来を短日によって、また夏の到来を長日によって予測し、準備を始めます。

同じネギ属でもネギとニラが短日休眠であるのに対し、タマネギ、ワケギ、ラッキョウ、ニンニクは長日休眠と分かれますが、これはそれぞれの起源地の気候差によるものと考えられます。多くのネギ属野菜が中央アジア起源とされますが、天山山脈から西側は概ね地中海気候に類似し、夏の高温・乾燥が植物の越夏を難しくします。一方、中国西北部を含む東側では冬の低温・乾燥が越冬を難しくします。

長日休眠性ユリ科野菜

ここではタマネギとニンニクを取り上げます。

タマネギ

タマネギは明治時代導入の新しい野菜ですが、現在ではキャベツにせまる生産量の重要野菜です。

タマネギの球は**図14-1**に示すように葉基部の肥大したもので、一定の長日になると葉鞘基部が肥大し始め、それに伴って上部への伸長が悪くなり、玉より上に出ない貯蔵葉（鱗片）を作るのです。そこで一般に首と呼ばれる葉鞘下部は外側が古い葉鞘に囲まれますが、芯は中空となり、上部葉身を支えきれなくなって倒伏し、鱗茎は完全な休眠に入るのです。このように葉鞘基部の肥大開始は休眠の第一段階といえます。

↑世界中で栽培されている重要野菜。日本においてもキャベツにせまる生産量のタマネギ。

図14-1　タマネギ鱗茎の断面

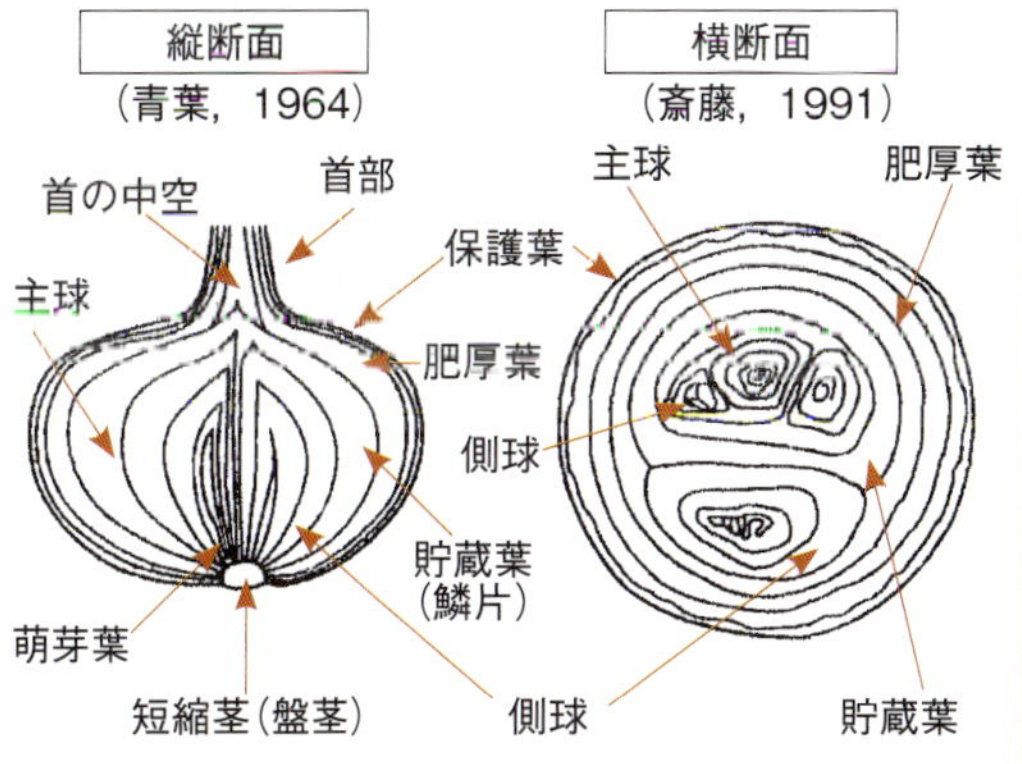

作型と関連する作物特性

花成と環境

花茎頂が分化すると、すでに鱗茎が肥大していても、その中心を花茎が貫通して球を破壊してしまいますので、花成抑止が絶対に必要です。

タマネギの花成と環境の要点は、①グリーンバーナリ型植物（21ページ参照）で、基本栄養生長相をもち、低温に感応し始める苗の大きさは苗径3～6㎜と品種間差があるが、大株ほど低温に敏感となります。②最も敏感に反応する温度は9～12℃で、低温ほどよいというわけではありません。③長日下の方が低温に敏感に反応します。

以上の3点から、冬よりも春先に花茎頂分化の危険性が高いといえます。

生育適温

高温下で休眠する植物ですから当然高温を嫌い、適温は15～20℃です。球の肥大開始には長日とともにある程度の温度も必要で、10～13℃で肥大を始める極早生品種から20℃程度の晩生種まであります。

球の肥大と日長

タマネギは世界中で重要な野菜で、緯度20度近くから60度近くまで広く栽培されています。しかし生育適温は品種でそれほど違いませんので、低緯度では春の低温下で、つまり日長の短い間に、逆に高緯度では生育適温になってから、つまり日長が十分長くなってから肥大する必要があります。

日本では暖地・温暖地では春に肥大させるため11・5～13時間日長で肥大する品種が用いられるのに対し、北海道では夏にかけて肥大させるため14～15時間で肥大する品種が利用されます。日本では前者を「短日性」、後者を「長日性」と呼んでいますが、世界的に見ればともに中日性の範疇内でしょう。

球が休眠から覚めて萌芽すると商品価値がなくなりますが、休眠期間は品種によって差がありますので、貯蔵用には休眠の長い品種が有利です。なお低温貯蔵は休眠期間の延長というよりも、休眠覚醒後の萌芽を抑えるための手法です。

栽培所要期間

北海道の春まき品種で6カ月を要し、温暖地の秋まき栽培では越冬期間が加わります。

主要作型と特徴

タマネギはほかの生鮮野菜と比較して貯蔵が容易なので、無理をして周年栽培をする必要がありません。暖地・温暖地での秋まき栽培と北海道での春まき栽培が基本となります。**次ページ図14-2**に基本作型と地域別作期を示します。

①秋まき栽培

タマネギは長日休眠から察せられるように高温を嫌うので、暖地・温暖地では初夏までに収穫を終えねばなりません。しかし播種から収穫までに6カ月程度を要しますので、春

図14-2　タマネギの基本作型と地域別作期

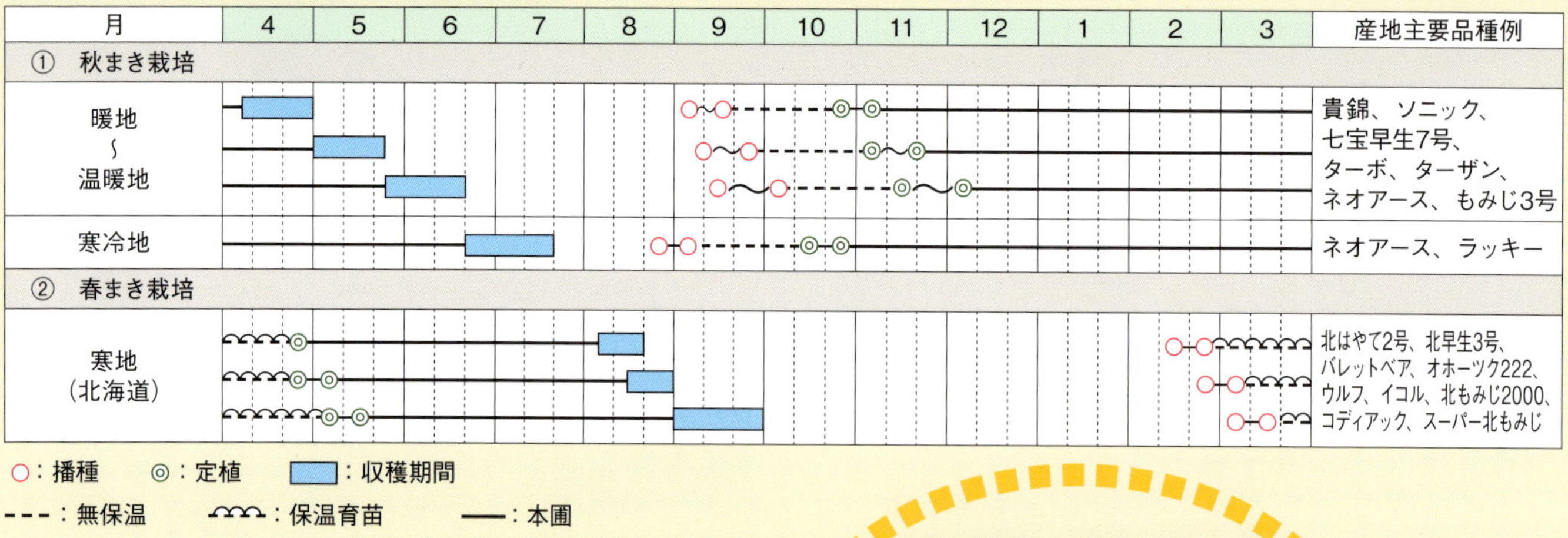

まきでは間に合いません。そこでタマネギがグリーンバーナリ型であることを利用して栄養生長のまま越冬し、春に肥大させる秋まき栽培が採用されます。

播種期ですが、早どりするためには早まきして大きな苗で越冬させたいところですが、晩抽性の品種を選んでも、寒冷地で8月下旬、温暖地以南では9月に入ります。**図14-2**に示されるように暖地～温暖地で同じような播種期でも収穫期が4～6月と広がっていますが、これは品種の日長感応性の差（11・5～13時間）によるもので、短日肥大性の品種ほど早どりできます。早どり栽培では収穫後ただちに切り玉出荷する場合が多いですが、遅どり栽培では貯蔵容易な晩萌芽性と耐腐敗性が望まれます。

② 春まき栽培

北海道では越冬が難しく、反面夏越し栽培が可能なので、もっぱら春まき栽培が行われます。播種期はまだ寒いので、ハウス内で保温育苗します。小さな株で肥大を開始すると小球となるので、14～15時間の比較的長日肥大性の品種が利用されます。

→4～7月の収穫となる秋まき栽培は、栄養生長で越冬し、春に球を肥大させる（写真：「ターボ」の収穫、6月）。

↑主に北海道で行われている春まき栽培。収穫は8～9月ごろになる（写真：「カムイ」の収穫、8月）。

ニンニク

鱗茎を利用する点ではタマネギ同様ですが、タマネギの鱗茎が主茎や球内側茎から出た葉鞘の肥大した鱗片から成り立つのに対し、ニンニクは**図14-3a**のように花茎を取り巻くような4～10数個の側球（側鱗茎）と全体を包む薄膜（花茎頂分化直前2葉の葉鞘）からできています。これらの側球は花茎頂分化直前の主茎の側芽から発生したものです。

タマネギでは花茎形成は致命的でしたが、ニンニクでは花茎が出てもかまわない理由は、ニンニクの側球は側枝に当たり、**図14-3b**に見られるように、それ自体の茎頂をもっており、主茎が花茎にかわって側球の茎頂は栄養茎頂のまま保持されるからです。側球は鱗片と呼ばれることが多いのですが、その大部分を**図14-3b**の貯蔵葉が占めているので、そう間違いではないと思います。

日本の品種はすべて花茎を作りますが、着花しても種子稔性がありません。そこで、栄養繁殖が必要ですが側球は栄養茎頂とともに根の原基をもっており、実際栽培での種球はすべて側球を利用します。

上記のように花茎が鱗茎を貫通するタマネギと違って、主茎の抽苔《ちゅうだい》は

↑繁殖には栄養繁殖が必要で、その種球には側球が使われるニンニク。

図14-3　ニンニクの鱗茎（球）

a　側球着生状況（星川，1970）　b　側球の横（左）・縦（右）断面（八鍬，1973）

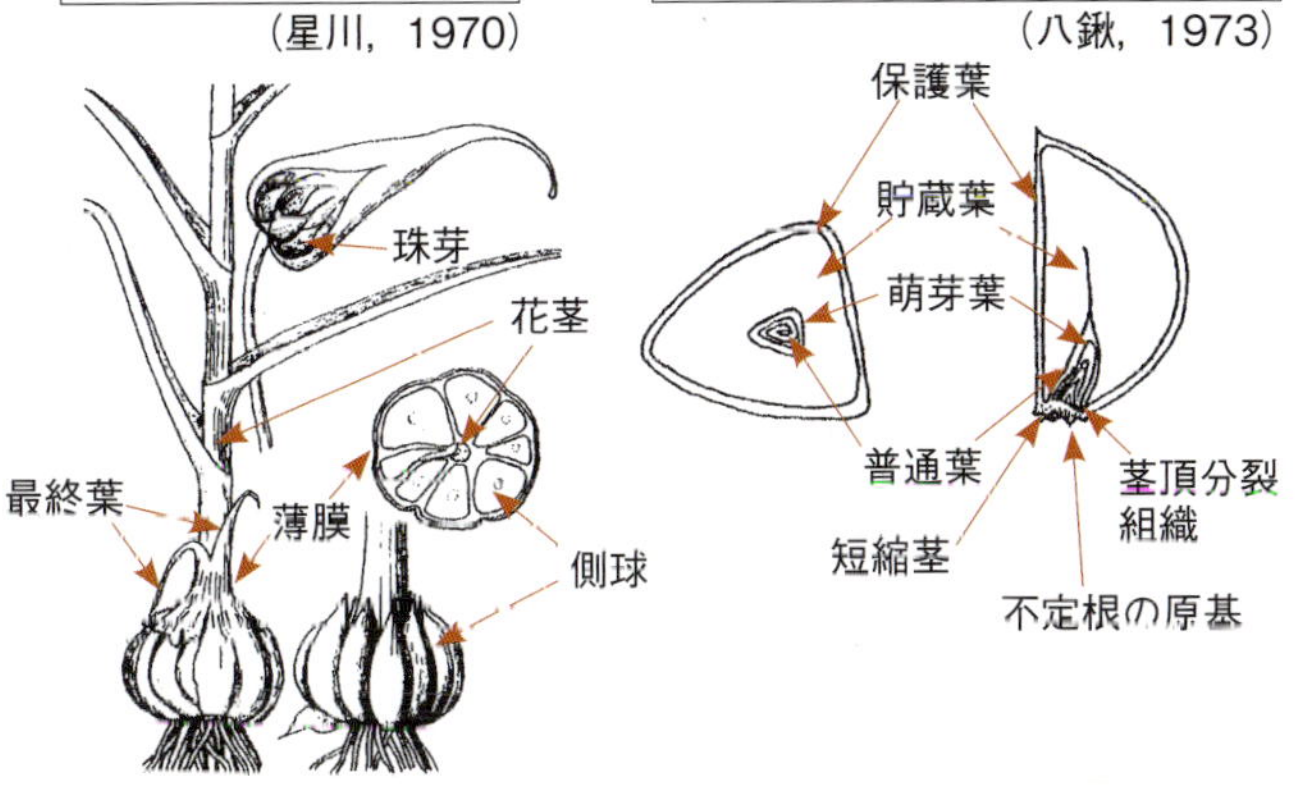

ニンニクにとって間接的影響しかありませんが、側球の肥大をよくするためには花茎はなるべく早く除去します。

作型と関連する作物特性

暑さに弱く、寒さには比較的強い作物で、生育適温は15～20℃です。長日・高温で鱗茎形成が進む点はタマネギ同様ですが、ニンニクの特徴は種球または幼苗時に低温（5～15℃）に遭《あ》うことによって、比較的短日下でも鱗茎形成が促進されることです。

反応する日長、低温量いずれについても品種間差がありますので、作型によって品種選択が必要です。

↑ニンニクの作型はすべて秋まき栽培。早生栽培ではマルチが、促成栽培では種球の低温処理が必要。

主要作型と特徴

ニンニクは球（鱗茎）だけでなく、葉や花茎も利用されますが、ここでは球生産の作型だけを取り上げます。

球は乾燥すると貯蔵性がよく、冷蔵すると長期貯蔵が可能なので、適地・適品種を利用した露地栽培が主になっています。

低温を経験した後、長日で肥大するという基本性質から、図14-4に示すようにすべて秋まき栽培で、種球の休眠あけの9～10月に植え付け、寒冷地では6～7月収穫、温暖地・暖地では5～6月収穫が主になります。早生栽培ではマルチが、また4月にかかる促成栽培では種球の低温処理が行われます。

寒地・寒冷地には低温・長日要求性ともに高い、つまり十分な低温に遭遇した後、適温を保証する長日長となってから肥大する品種が適応し、温暖地・暖地にはそれほど低温・長日を要求しない品種が用いられます。

ニンニクは低温に遭遇した後、長日で肥大するという性質に従って、いずれの作型も9～10月植え付けの秋まき栽培になります。

図14-4　ニンニクの基本作型と地域別作期

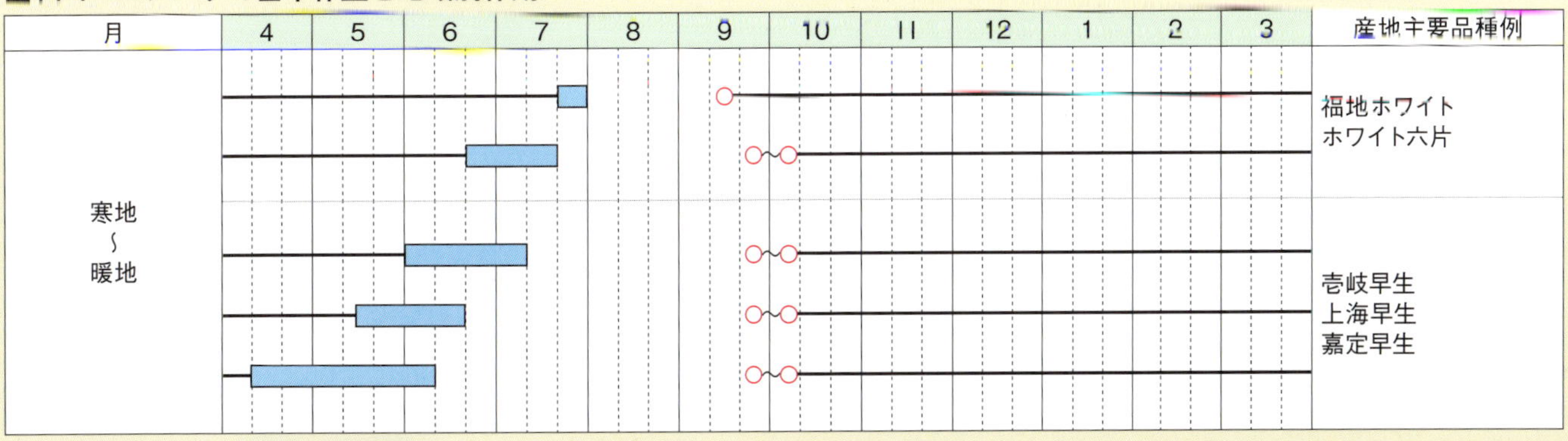

○：種球植え付け　▭：収穫期間

15

ユリ科野菜（2）

短日・低温休眠性ユリ科野菜　ネギ・ニラ・アスパラガス

ネギ、ニラなどは、タマネギのように養分の蓄積された球を利用するのではなく、若い茎葉を利用する野菜です。

前項の長日休眠性に続き今回は、短日・低温休眠性のネギ、ニラ、アスパラガスを取り上げます。

ネギ

ネギは中国原産の野菜で、シベリアから華南まで広く栽培され、日本にも古来伝播しました。

ネギと休眠

ネギは、前回のタマネギやニンニクのように顕著な形態変化はないものの、冬には地上葉の生長を抑制し、地下葉鞘《ようしょう》に養分を蓄積するという越冬休眠性をもっています。ただし休眠程度は品種により大差があり、シベリアや中国北部には冬に完全に生長を止め、葉身は枯死し、地下の葉鞘のみで越冬する完全休眠性品種が適応しています。地上部の生長停止が寒さの結果だけでない証拠に、シベリア品種を九州で栽培しても冬には新葉を伸ばさず、地下葉鞘部だけが肥厚します（熊沢・勝又、1972）。

しかし、ネギは耐寒性が強いので、それほど寒くない日本では、冬に完全に生長停止する強い休眠性品種よりも、低温下でも適度の生長を続ける休眠性の弱い品種やほとんど休眠しない品種が多くなっているのです。

根深ネギと葉ネギ

ネギの葉は基部の円筒状に重なった葉鞘部（地下部は一般に根と呼ばれる）と、これから展開する葉身部からなっています。主として葉鞘部を利用する根深ネギ（地下で軟白されるので白ネギとも呼ばれる）と、葉身をも利用する葉ネギ（青ネギ）があります。

根深ネギか葉ネギか、またその作型により使用品種の休眠性が関係します。分かりやすい例として、冬どり根深ネギには本来葉鞘を充実させる休眠型品種が適し、周年の葉ネギ生産には冬でも生長を続ける非休眠性品種が適します。

品質についても、根は休眠型品種が長大となり、また葉（葉身）は非休眠型品種がやわらかくすぐれています。

品種を3群に大別すると、根深ネギは寒冷地に休眠性の強い加賀群、関東には休眠性中間の千住群、葉ネギには非休眠型の九条《くじょう》群に分けられますが、現在はこれらの交雑からさらに分化が進んでいます。

作型と関連する休眠以外の作物特性

花成と環境

グリーンバーナリ植物（**21ページ参照**）で5～6㎜径程度の小苗で低温感応を始め、低温程度は5～10℃が最も有効です。必要な低温遭遇時間は品種により20日以下から60日以上と差が見られ、デバーナリ（**30ページ参照**）も有効です。長日・高温により花茎が伸張し、多くの品種が3月下旬～4月に抽苔します。

↑抽苔し開花したネギ。グリーンバーナリ植物で、多くの品種が3月下旬～4月には抽苔する。

生育温度

冷涼を好み、25℃以上では生長が抑制されますが、夏でも枯れることはありません。低温には強く、特に根深ネギは利用部の葉鞘が土で覆われているので、寒害を受けにくくなっています。

↑冷涼を好み、耐寒性が強いネギ。特に根深ネギは土寄せを行い、葉鞘部が土に覆われるので、寒さで傷みにくい。

土壌

根深ネギについては土寄せが必要であり、作業性と通気性の面から軽く深い耕土が望まれます。

栽培所要期間

根深ネギは葉鞘部の伸長と軟白のために6カ月以上を要し、春や秋の1季では足りないので、春まき越夏か、秋まき越冬の栽培が必要となります。葉ネギは収穫期間が限定されず、大株で4カ月程度から、小ネギは2カ月程度で収穫できます。

根深ネギの主要作型と特徴

次ページの図15－1に基本作型と地域別作期を示します。地域内の作期の配列順は上から低温～高温の流れに沿うようにしてあります。

ネギは古葉が枯れても新葉が形成されるので、株の老化が少なく、苗床での育苗期間、本圃《ぽ》での収穫期間とともに延長が可能です。長く置くと裂球してしまう結球野菜や、老化が問題となるダイコンなどの直根類に比較して作期に弾力性があります。そこで図に示した作期は一例に過ぎないことをお断りしておきます。

①春まき栽培

春に播種し、越夏して秋～翌春に収穫します。ネギはグリーンバーナリですから、幼苗期には低温に感応せず、感応期に入っても低温要求量がかなり高いので、春まきでは抽苔の心配が少なくなります。また、葉鞘肥大期が低温期となるので栽培しやすく、収穫期も需要の多い冬中心となるので、春まき栽培が根深ネギの主作型となっています。

露地栽培（**図中B**）では4～5月播種、10月～3月収穫（**図中d**）が大部分ですが、寒地では越冬後の4～5月収穫（**図中c**）もあります。

保温育苗（**図中A**）では播種期、収穫期が早まり、寒地では8～9月の晩夏収穫も可能です。

②秋まき栽培

9～10月に播種し、まだ低温に感応しない子株で越冬し、春に肥大させる作型で、露地栽培（**図中e**）では7～8月が主な収穫期となるため、耐暑性品種の利用が必要です。温暖地・暖地では冬季保温により収穫期を5月まで前進させることができま

↑根深ネギの主作型となる春まき栽培。4～5月播種の10月～3月の収穫が大部分を占める（写真「ホワイトスター」12月の収穫）。

↑7～8月が主な収穫期となる秋まき栽培（写真は「ホワイトスター」7月の収穫）。

図15-1　根深ネギの基本作型と地域別作期

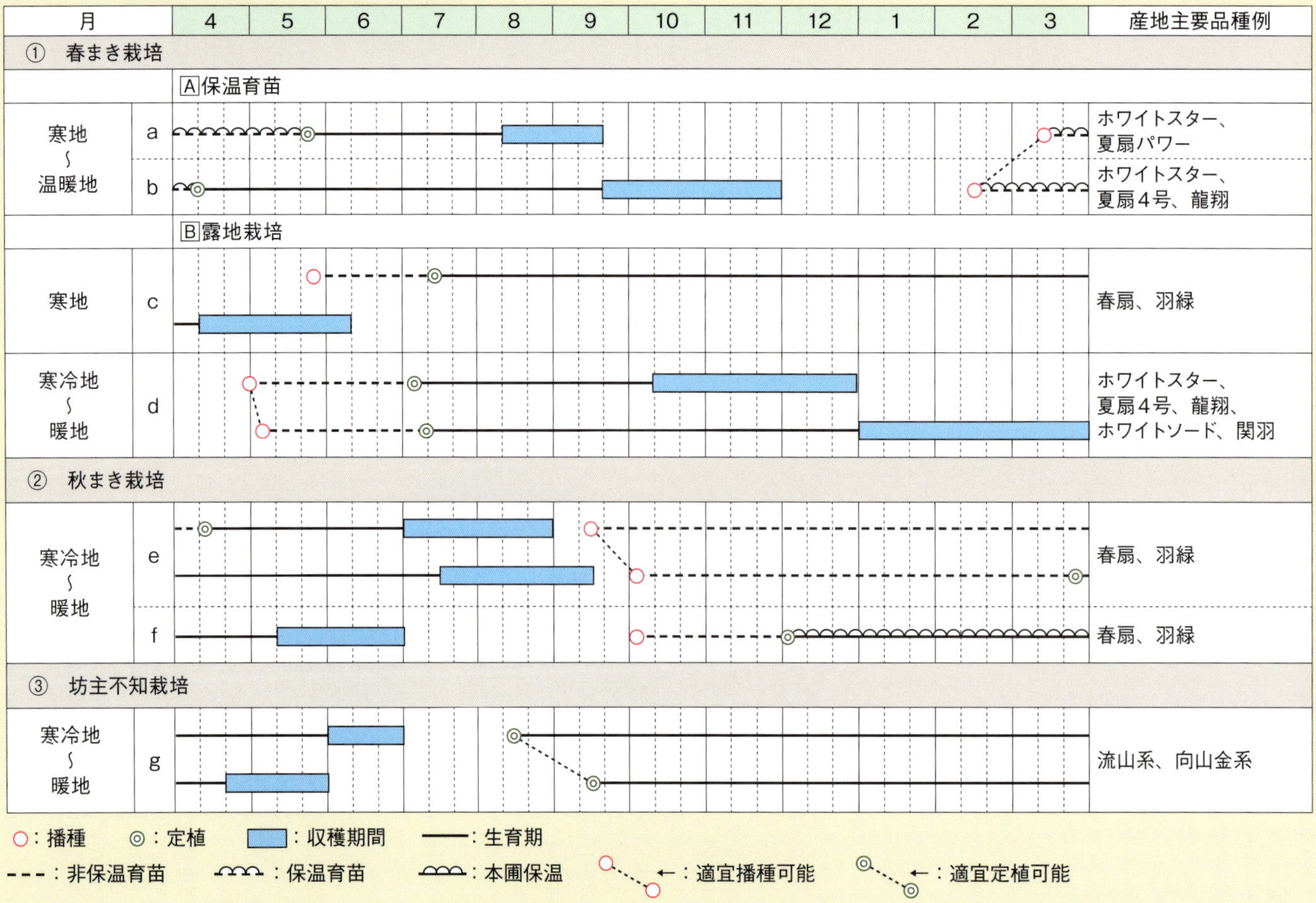

す（図中f）。

坊主不知（ボウズシラズ）栽培

"坊主不知"はほとんど抽苔しない品種で、株分けにより繁殖しますが、他の品種が抽苔してしまう5～6月に収穫することができます（図中g）。

根深ネギの作型は、10月～3月収穫の**春まき**と、7～8月収穫の**秋まき**、端境期の5～6月収穫の**坊主不知栽培**があります。

葉ネギの作型

収穫サイズは大ネギから細・小ネギとさまざまで、品種は九条系が主となっています。

大ネギ栽培の作型は根深ネギに類似しますが、より短期間に収穫できます。需要の関係から関西以西で栽培が多く、春まき栽培は2～5月播種（早期は保温育苗）、6月～3月の収穫、秋まきは9～10月播種で、4月以降の収穫が中心です。

小ネギは高温期には50日程度、低温期でも保温下のハウスでは90日程度で収穫することができるので、周年栽培が多く、養液栽培も取り入れられています。

ニラ

作型と関連する作物特性

ネギと同じく、グリーンバーナリ型植物と考えられるニラ。

花成と環境

ニラは開花期が夏であることから高温・長日で花成が進むと説明されている場合が多いのですが、開花が夏だからといって、休眠で花茎頂分化期と開花期の間に時間差が生じることも考えられます。また、播種当年の株は夏になっても抽苔が少なく、一度冬を越した2年目の夏からそろって抽苔することから、ある大きさの株が低温にあたることで花成を始めるグリーンバーナリ型植物であることが推定されます。

休眠性

短日・低温休眠で、一定量の低温にあった後、休眠から覚めます。

生育温度

20℃前後が適温で、10℃程度でも

速度は遅いが生育します。25℃以上では葉が細く、薄くなります。

主な作型

無保温栽培

自然条件で休眠覚醒後、気温が上昇してから収穫する作型で、春まきと秋まきがありますが、いずれにしても株が充実するのを待って収穫し、次の収穫も株の回復を待って行います。一般温暖地では4～11月（主として10月まで）が収穫期となります。

ニラは抽苔しても側芽から発達する分けつにより増殖するので、2～3年間栽培を続けることができます。

↑無保温栽培。抽苔しても分けつにより増殖するので、2～3年間栽培を続けることができる。

ハウス保温栽培

保温開始は10月以降2月ごろまで行われますが、休眠が適当に覚醒した時期（一般温暖地で11月中旬）以降に保温を開始した方が収量は上がります。なおハウスは保温以外にも、良品質生産のため、雨よけとしての利用も多くなっています。

↑保温対策以外でも、良品生産を目的に雨よけとしてハウス栽培が活用される。

ネギ属以外のユリ科植物 アスパラガス

南ヨーロッパ原産といわれ、日本に導入されたのは明治以降で、当初は軟白して缶詰にするホワイト栽培が主流でした。現在は軟白しないグリーン栽培が中心となっています。

↑導入当初はホワイト栽培が多かったが、現在ではグリーンでの栽培が主流。

→軟白して缶詰にされるホワイトアスパラガス。

作型と関連する作物特性

アスパラガスは宿根性で、地下茎先端の鱗芽《ほうが》から萌芽する若茎を、鱗片葉が展開する前の多肉質の段階で収穫します。

定植後1～2年は株を充実させるために収穫せず、盛園となるのに5～6年を要し、10～15年間収穫を続けるので、畑の利用形態としては永年性作物になります。

短日・低温休眠で、秋に平均気温が20℃を下回ると萌芽が減少し始め、30日ほどで萌芽しなくなり、その後1カ月ほどで貯蔵根中の糖度が急激に上昇します。

茎葉の生育適温は15～20℃で、高温条件では生長は旺盛ですが品質が劣化します。

主な作型

露地栽培では休眠が覚醒し、平均気温が10℃を超えるころ、寒冷地で4月下旬～5月上旬、温暖地で4月からの収穫開始となります。

トンネルやハウス被覆により収穫期を早めることができますが、休眠覚醒前に被覆を開始すると収量が落ちるので、12月中旬以降の被覆で、収穫は2月以降が一般的です。

収穫期間は春のみの1季どり、いったん収穫を休止して株を立て再び7～9月と10月に収穫する2季どり、さらには長期どりとありますが、寒冷地で9月、温暖地で10月が収穫終わりとなります。

上記の作型では不可能な11月～2月の収穫には、11月ごろ休眠覚醒前の根株を掘り取り、冷蔵して休眠を打破してから温床に伏せ込む促成栽培も可能です。

↑宿根性作物のアスパラガス。定植後1～2年株を充実させ10～15年の間収穫を続ける。

↑アスパラガスの露地栽培。寒冷地で4月下旬～5月上旬、温暖地では4月以降の収穫となる。

16

キク科野菜

レタス・シュンギク・ゴボウ

キク科の野菜にはレタス(チシャ)のほか、ゴボウ、シュンギク、フキ、エンダイブ、チコリー、アーティチョークなどがありますが、それぞれ属が異なるものが多く、共通特性を取り上げるのは難しいので、ここではレタス、シュンギク、ゴボウだけを取り上げます。

レタス

レタスとチシャは同じ種《しゅ》の野菜で原産は地中海、近東、中央アジアといわれますが、ヨーロッパで発達したレタスのグループと、中国などで発達し、日本でも古来栽培されて、チシャと呼ばれてきたグループがあります。

日本では、現在レタスといえば結球レタス(玉レタス)、それも「クリスプヘッド」と呼ばれる、葉に光沢があり、葉縁に欠刻、葉面にしわのあるタイプの品種群のみを指すことが多いですが、結球タイプにはクリスプヘッドのほかに結球がややゆるく、葉縁の欠刻、葉面のしわが少なく、葉肉がやわらかい「バターヘッド」と呼ばれる品種群があります。ヨーロッパではバターヘッドが結球レタスの主流ですが、日本ではバターヘッドは結球前の若株利用が主であり、一般にサラダナと呼ばれています。

葉が長円形で紡錘型に立ち上がってゆるく結球するものにコスレタス(立ちレタス)があり、サラダのほか各種の料理に利用されます。

不結球のものにリーフ(葉)レタスがあります。葉に縮みがあるものが多く、葉が赤紫のものはサニーレタスとも呼ばれます。

以上のヨーロッパ型品種は幕末に一部導入されましたが、本格的な栽培は戦後昭和30年ごろから、当時の「洋菜類」の中心として急速に普及

結球レタス

↑クリスプヘッド型。葉に光沢、葉縁に欠刻、葉面にしわがある。日本で最も一般的に栽培されているレタス。

↑バターヘッド型。結球がゆるく、葉縁の欠刻、葉面のしわが少ない。日本では一般に「サラダナ」として若株が利用される。

↑紡錘形に立ち上がって結球するコスレタス。

チシャ

↑下葉を掻きとって利用する「カキチシャ」。日本では古くから栽培されてきた。

中国で改良された茎を利用する「クキチシャ」。アスパラガスレタスとも呼ばれる。

不結球レタス

↑リーフレタス。赤葉のものはサニーレタスとも呼ばれる。

しました。

一方、東洋で発達したチシャは一般に茎が上に伸びることから、クキ（茎）チシャとかステムレタスと呼ばれます。日本では下葉から順次かきとって葉を利用するカキ（掻）チシャとして奈良時代から栽培されてきましたが、現在では葉の品質のやわらかいレタスが栽培の主流になりました。しかし欠点でもあった葉のかたさが焼肉料理の敷物、包みものとして適し、一部復活しています。

葉ではなく茎を利用する品種は中国で改良され、茎が太くやわらかく、皮をむいていろいろな料理にも用いられ、アスパラガスレタスとも呼ばれています。

以下、ここでは現在の結球レタスを中心に述べます。

作型と関連する作物特性

生育気候

起源地の気候を反映して20℃前後（18～23℃）の冷涼を好みますが、実際栽培では順化により、短期間の寒暑には耐えられます。気温以外では、これも起源地から推察できるように大気・土とも多湿を嫌います。

↑生育適温20℃前後と、起源地の気候を反映して冷涼な気候を好むレタス。

花成と環境

これまで述べてきた葉根菜はバーナリ植物、つまり花茎頂の分化に一定の低温を要し、高温・長日下で花茎が発達し、抽苔する植物が大部分でしたが、レタス、すくなくとも現在の栽培品種の花成には低温は不要です。長日・高温で花成が促進されますが、短日・低温でもゆっくりではあるものの花成は進み、ある程度齢が進めばいずれは抽苔する植物です。実際の栽培では、結球に十分な葉数が発達し、収穫時までに花序が肉眼でわかるほど発達していなければよいわけです。要は茎葉の発達・結球と抽苔との競争になります。生育適温の20℃を超えるほど抽苔のスピードが速まりますので、レタスにおける高温は生育障害にも増して抽苔促進が怖いのです。

図16-1は長野県の資料（長野県、1994年）ですが、低地（つまり気温の高い地域）ほど播種危険な時期が増えます。播種危険期が最高気温期より1.5カ月ほど先にずれていますが、これは花成の高温感応が本葉5～6枚を越えるころから高まるためです。なお、この**図**の品種は'グレイトレイクス'ですが、現在ではもっと晩抽性の品種があるので、播種危険期はこれよりやや少なくすることができます。

図16-1 レタス（グレイトレイクス）の播種危険期

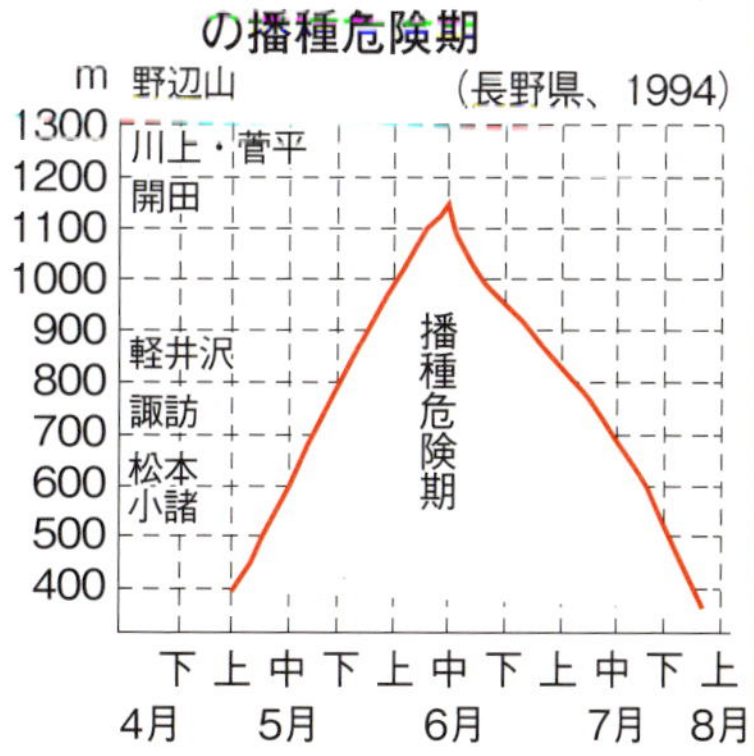

↑レタスの花。

図16-2　レタスの基本作型と地域別作期

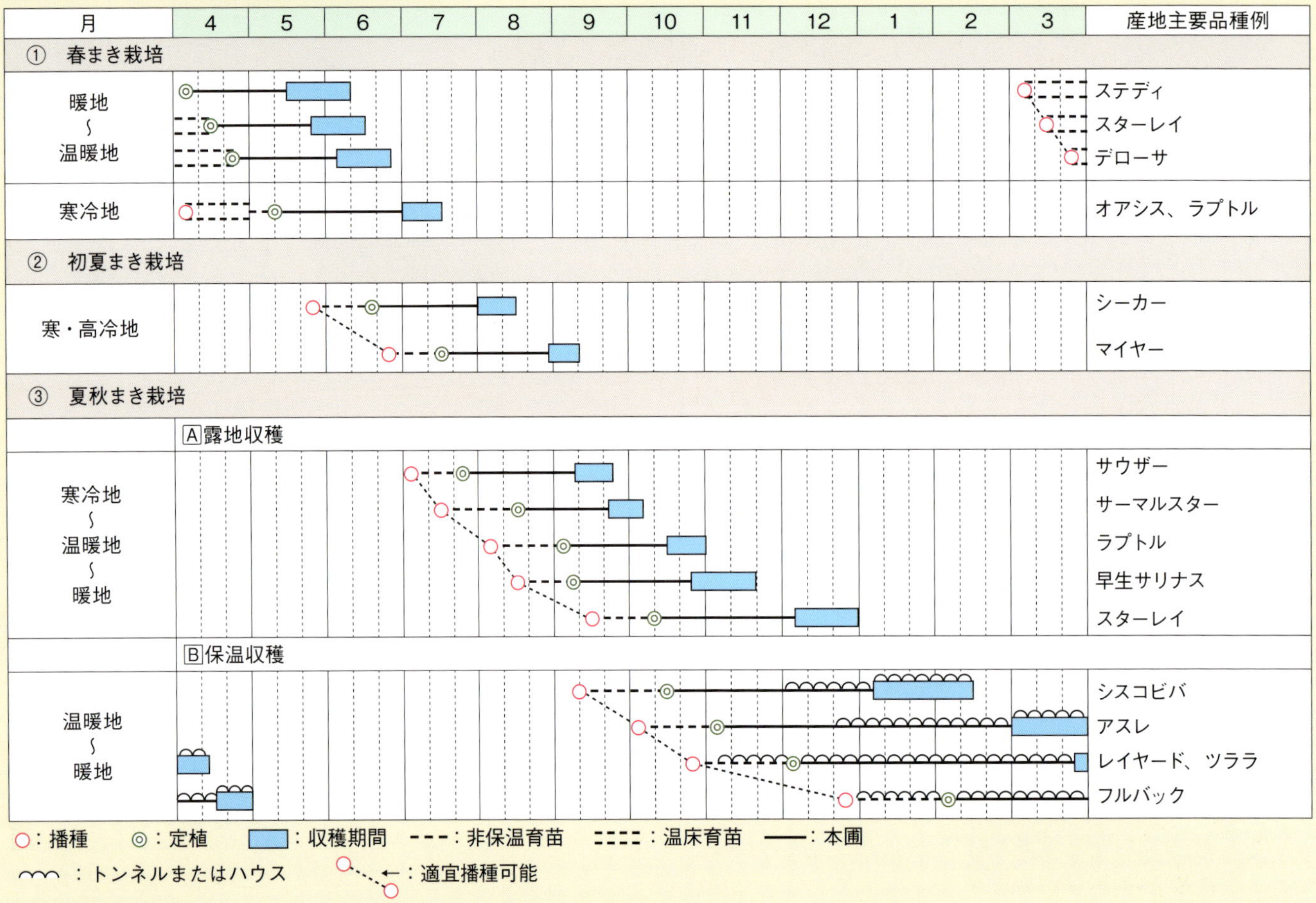

栽培所要期間

比較的高温期の栽培で、55〜80日と品種により大差があります。前述のように、高温期栽培は結球と抽苔の競争といった側面があるので、早生ほど抽苔に強いといえます。

主要作型と特徴

図16-1に示したように6月播種は抽苔を避けるために寒地（図線の頂点付近）に限られ、それ以南では気温上昇期（図線の左外側）と気温下降期（図線の右外側）を利用した栽培になります。

図16-2に基本作型と地域別作期を示します。

春まき栽培

一般の温暖地では5〜6月の収穫となり、7月どりは寒冷地が有利となります。ほとんどの場合、播種期が低温期となるのでハウスなどでの保温育苗が必要です。図16-2はマルチ定植（レタスではマルチ利用が多い）を想定しているので、これより播種期を早める場合にはトンネルやハウス定植が必要となります。

↑レタスはマルチ栽培が多いが、播種期が低温になる春まき栽培でも保温ためのマルチ利用が一般的。

初夏まき栽培

最も抽苔しやすい6月中心の播種、8〜9月収穫の栽培で、寒・高冷地に限定されます。

夏秋まき栽培

気温下降期の栽培ですが、露地収穫（年内どり）と保温収穫（冬春どり）に分けました。なお露地収穫でも12月どりなどでは適宜ベタがけを利用した方が安全です。

いずれも寒冷地から暖地へと播種期が遅くなり、早秋期収穫には寒冷地が、3～4月収穫は暖地が有利となります。

↑8～9月と高温期の収穫となるので、栽培は寒・高冷地に限られる。（写真：「シーカー」の収穫、8月、岩手県）

↑低温期の収穫となるので、トンネル、ベタがけなどの保温が必要。（写真：「フルバック」の収穫、12月～2月、静岡県）

シュンギク

地中海起源とされますが、野菜としての栽培は中国で始まりました。

生育適温は15～20℃ですが、寒暑ともにかなり強く、ハウス・トンネルを冬は保温、夏は遮光に利用すれば多くの地域で周年栽培が可能です。

抽苔は高温・長日で促進されます。株どりでは栽培期間が30～40日と短いので問題は少ないですが、長期の摘み取りでは晩抽性品種を選びます。

↑ハウス・トンネルを冬季は保温、夏季は遮光に利用することで多くの地域で周年栽培が可能となっている。

ゴボウ

↑日本原産ではないが、古来より日本人に食されてきたゴボウ。

起源は北欧、シベリア、中国北部といわれ、日本には自生種がないので日本起源とはいえませんが、平安時代には野菜として記録があり、現在野菜として重用されているのは日本だけです。

作型と関連する作物特性

生育適温

北方起源ですが、生育適温は20～25℃と比較的高温性で、日本では夏越しが可能です。一方寒さについては、地上部は3℃程度で枯死しますが、根部は著しく耐寒性が強く、寒地でも露地で越冬できます。前回に述べた低温休眠性の作物といえます。

土壌

長根作物なので耕土が深く、通気性のよいことが望まれます。

また、これは土壌特性とは関係ありませんが、連作すると病気や生理障害が激しいため、5年程度の休作が必要です。

花成と環境

グリーンバーナリ型で、基本栄養生長相を過ぎてから所要の低温遭遇後、長日・高温で抽苔に至ります（**21～22ページ参照**）。花成には品種間差が大きく、選抜の結果、現在の品種は晩抽性になっています。基本栄養生長相については多くの品種が根径1㎝以上になるまで低温に感応しないので、春まき栽培では抽苔の心配は少なくなっています。

秋まき栽培でも適期・適品種を選べば、花成なしに越冬することができます。その場合、葉は寒さでいったん枯れても翌春に再び葉を出して根の肥大を続けます。

↑ゴボウの花。ゴボウはグリーンバーナリ型で、低温に遭遇後、長日・高温で抽苔する。

栽培所要期間

早掘りで4カ月、一般に6カ月程度を要します。

主要作型と特徴

春まき栽培

温暖地で4～5月（寒地で5～6月、暖地で3～4月）に播種し、8～12月（寒地では11月）に収穫します。畑で越冬できるので、遅まきでは3月ごろまで出荷可能です。

秋まき栽培

9～10月に播種し、温暖地では6～7月、寒地では7～8月、暖地では5～6月から収穫します。トンネルなどで早春被覆すれば収穫期を早められます。

↑春まき栽培では8～12月に収穫し、秋まき栽培では5～8月の間で収穫できる。

17

アカザ科野菜

ホウレンソウ

アカザ科野菜といえば、ホウレンソウ、フダンソウ、テーブルビートなどがあげられます。ここでは、栽培の多いホウレンソウを取り上げて解説します。

アカザ科野菜の代表的なもの

↑ホウレンソウ（写真「弁天丸」）。

↑フダンソウ（写真「ブライトライト」）。

←ビート（写真「デトロイト・ダークレッド」）。

ホウレンソウ

中東起源で東西に分化

コーカサス（黒海とカスピ海の間の地峡《ちきょう》）起源で、イラン（旧ペルシャ）で栽培化が進んだといわれます。ニンジン（52ページ参照）同様、ホウレンソウも東西両方向に発展し、性格の異なる東洋種と西洋種に分化しました。

東にはネパールを経て中国にわたり、7世紀以降、華北から全土に普及して、日本へもこの東洋種（以降和種と呼ぶ）が16世紀後半に渡来しました。しかし、江戸時代には栽培化に至らず、明治以降、徐々に普及しましたが、戦前の日本での生産量は現在に比べれば量、季節ともに限

ホウレンソウは
ニンジンと同じく
洋の東西に品種が分化し、
現在では和種、洋種の長所を
掛け合わせた交雑種が
普及して周年栽培が可能と
なっています。

られていました。私の幼少時代（昭和初期）のホウレンソウといえば、株元が赤く色づき、葉縁の切れ込みが深く、歯切れのよい和種ホウレンソウを指し、料理もおひたしか食べたことがありませんでした。そのころから、マンガ「ポパイ」で主人公がビタミン豊富なホウレンソウを食べて強くなる場面は有名で、親たちも子どもに丈夫になってほしいと食べさせたのでしょうが、私はあれがアメリカの缶詰会社の宣伝だったとは知りませんでした。

一方、西方に向かった西洋（洋種）ホウレンソウは、東より遅れましたが11世紀以降品種改良が進み、全ヨーロッパに普及しました。日本にも幕末～明治にかけて導入が試みられましたが、食味が当時の嗜好に合わず普及しませんでした。

戦後、緑黄色野菜が尊重されるようになり、ホウレンソウの重要度は高まりましたが、ここで大きな役割を果たしたのが洋種でした。洋種のもつ長所を品種改良に利用することで、ホウレンソウの周年生産が可能となったのです。また、洋風料理の増加で洋種の味覚に対する拒否感も減少し、現在では洋種と和種の交雑品種が大半を占めています。

和種（東洋種）

↑葉が深く切れ込み葉先がとがっていて、根の赤色が濃い。抽苔が早く栽培時期が限定される。（写真「日本」）

洋種（西洋種）

↑葉は切れ込みがなく丸い。抽苔しにくく栽培適応幅が広い。（写真「キングオブデンマーク」）

交雑種

↑洋種と和種の交雑種。洋種の長所である晩抽性を取り入れた交雑種が出回ることにより、ホウレンソウの周年栽培が可能となった。（写真「オーライ」）

↑ホウレンソウのタネ（上：丸タネ、下：針タネ）。和種は針型、洋種は丸型。

作型と関連する作物特性

花成と環境

ホウレンソウの花成・抽苔の主因は長日です。生育初期の低温もいくらか花成を促進しますが、長日の効果が圧倒的です。

何時間の日長から効果が出るというように、はっきりとした境界があるわけではなく、短日でも花成はゆっくりと進むのですが、長日になるほどそのスピードが高まるタイプです。したがってその栽培の成否は、抽苔までに株が収穫可能な状態まで生長するかどうかの競争になるわけです。

洋種ホウレンソウの最大の長所は晩抽性です。晩抽性品種の品種名にも名付けられているデンマークがある北欧はもちろん、品種改良の盛んなオランダなどの中欧でも、北海道よりずっと北に位置し、春～夏の日長増加が急なのに反して気温の上昇は鈍くなります。そうした地域では、よほど長い日長になるまで抽苔しない晩抽品種でないと、収穫可能まで茎葉が伸長できません。

一方、比較的低緯度で発達した和種では、それほど長い日長まで抽苔しない品種は採種ができません。今のように採種地と栽培地が別でよいグローバルな時代ではなかったので、品種として成立しなかったのです。

洋種と和種の雑種が多い現在の栽培品種の中には、さまざまなレベルの晩抽性品種があり、播種期に応じて利用できます。

ホウレンソウの花成・抽苔には長日が関係あり、長日であればあるほどそのスピードがアップする。

↑ホウレンソウの雌花。

↑ホウレンソウの雄花。

長日で抽苔が促進されるホウレンソウでは、晩抽性が栽培の有利さに繋がるので、各々の作型に適応した晩抽性の品種を選ぶ必要があります。

図17-1　ホウレンソウの基本作型と地域別作期

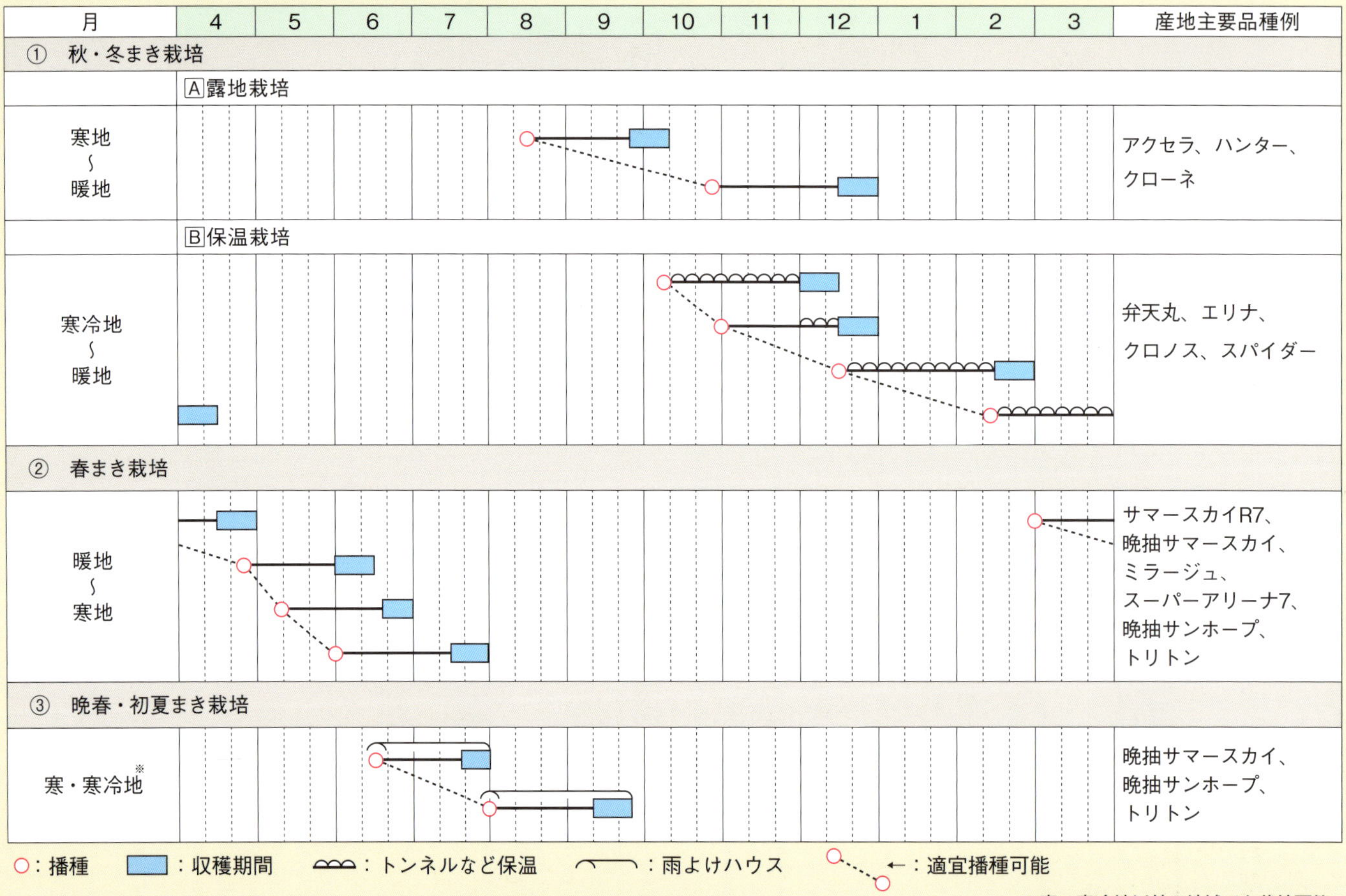

※寒・寒冷地以外の地域でも栽培可能。

→適温15～20℃で低温には強いが、高温（25℃以上）では栽培が困難になる。

→栽培期間が短いホウレンソウは直播栽培が基本。

生育温度や耐暑性など

適温は15～20℃と低く、10℃程度までよく生長し、一時的であればマイナス10℃にも耐えます。一方、高温には弱く、25℃以上では栽培困難となります。さらに、雨にも弱いため日本の夏は厳しい環境といえます。

耐暑性は晩抽性ほど明らかな品種間差はありませんが、和種にはかなり耐暑性の強い華南品種もあり、また遠縁系統間の雑種である和・洋交雑品種は雑種強勢のため、早生種を含めた生育の旺盛さも、間接的な耐暑性に寄与します。

節間伸長性にも品種間差がありますので、低温期には低温伸長性の高い品種を、高温期には徒長しにくい品種を選ぶことになります。

栽培所要期間

比較的高温期で1カ月、低温期で2カ月程度です。

生態以外の品種特性

多湿下で発生しやすいべと病に抵抗性のある品種が開発されており利用できますが、べと病にはいくつかのレースがあるので注意を要します。

基本作型と特徴

図17-1に基本作型と地域別作期を示します。

栽培期間が短いので直播栽培が主

となります。

秋・冬まき栽培

気温下降期の栽培となり、高温を嫌い、長日で抽苔するという、ホウレンソウの作物特性から、日本の一般地では最も自然な作型です。作期は寒地ほど早くなります。

露地栽培（図中A）が基本作型で、9〜10月まきが最も容易ですが、耐暑性品種の利用で8月まで播種期が早まりました。地域気候によりますが、多くの地域では10月から年内の収穫は露地栽培で、1〜3月生産はトンネルなどの保温（図中B）となります。

↑日本の気候では最も育てやすい。露地栽培が基本作型（写真「アンナ」の収穫、1月、徳島県）。

↑厳寒期ではトンネルなどで保温をして葉の傷みを防ぐ（写真「弁天丸」の収穫、2月、埼玉県）。

春まき栽培

気温上昇期の栽培となり、秋・冬まきとは逆に暖地ほど播種期が早くなります。

長日期にあたるので晩抽性が必要で、以前から寒地では洋種を用いた栽培がありましたが、食味の関係で伸び悩んでいました。しかし、洋種食味の容認によって、いろいろな晩抽性雑種品種が育成され、生産が増えています。

↑気温上昇期の栽培となり晩抽性のある品種が必要とされる春まき栽培。（写真「サマースカイR7」収穫適期、5月）。

晩春・初夏まき栽培

長日・高温下の栽培で一番難しい作型です。晩抽性品種の選択で、抽苔問題が解決できても、高温は品種だけでは解決できません。11ページでも述べましたが、生物種の温度適応性はなかなか変更しにくく、平均20℃を超えるような条件下で生長できるホウレンソウ品種はありません。降水も高温被害を増大します。そこで6〜7月播種、7〜9月収穫の栽培では、北海道においても品種選択とともに雨よけハウスの利用が望まれます。なお、作型図では地域として寒・寒冷地のみ記しましたが、被覆資材の工夫などにより暖地でも可能です。

また、雨よけハウスは、ほかの作型でも有効であり、ハウスは冬季保温にも使えますので、多くの地域でハウスを利用した周年栽培が増加しています。ホウレンソウは収穫後萎《い》凋《ちょう》しやすく、消費地近郊での周年栽培はその点からも有利です。

↑北海道などの寒地での栽培に向く作型。雨よけハウスの利用が望ましい（写真「晩抽サマースカイ」の収穫、9月、北海道）。

【補足】
高温性（短日性）葉菜類について

以上で葉菜の解説はすべて終わりますが、ほとんどが夏の高温を苦手とするものでした。これは日本の葉菜がほとんどすべて長日で抽苔が進む作物なので、花成に先んずる栄養生長は短日下つまり冷涼下で行われるからです。

それでは日本の真夏に平気で生長できる葉菜がないかというと、23ページでも述べたように、シソ、ヨウサイ（エンサイ）、ツルムラサキ、ヒユなどがあります。

これらは短日で花成が進む短日性植物で、長日・高温期（しかも低緯度）に茎葉を生長させます。いずれもマイナーな存在で、今のところ自家栽培が主ですが、真夏の緑葉野菜として希少な存在だと思います。

↑夏のグリーンカーテンとしても栽培できる高温性のツルムラサキ。

↑暑さと乾燥に極めて強い南方系の野菜ヒユナ。

18

塊根類

ジャガイモ・サツマイモ・サトイモ・ヤマイモ・ショウガ

これまでは科別に説明してきましたが、ここでは地下肥大部を利用する野菜を一括して取り上げることにします。

ジャガイモ、サツマイモ、サトイモ、ヤマイモ、ショウガなどで、それぞれ別の科に属する作物です。

肥大部分は**根**か**地下茎**になりますが、純粋の根はサツマイモだけで、ほかは地下茎かその変形（例：ヤマイモ）なので、本当は塊根茎類と呼ぶべきでしょうが、地上部の茎が肥大する野菜（例：コールラビ）もあるので、ここでは塊根類に一括しておきます。

直根類との違い

地下部の肥大という点ではダイコンやニンジンの直根類と同じですが、根本的に違う点は、直根（**15ページ参照**）は幼根と胚軸という、種子内で形成される初期器官から発達するため、種子を使って栽培することが必要なのに対し、塊根類は種子に直接由来しない地下茎や不定根が肥大したものなので、種子繁殖の必要がないという点です。ジャガイモ以外は花もめったに咲きません。ジャガイモは花が咲き、種子稔性もあるので種子繁殖も可能ですが、均一性その他の理由で、ほかの塊根類同様、栄養増殖により栽培しています。

↑均一性などの関係でほかの塊根類と同様、栄養繁殖が一般的なジャガイモ。（写真は種イモの植え付け）

花成・抽苔への配慮不要

これまで述べた葉根菜に比べて塊根類の最大の利点は、花成・抽苔への配慮が必要ないことです。ジャガイモはよく花が咲きますが、葉根菜の多くが株全体の茎頂が生殖茎頂に変わり、茎葉の形成を中止するのに対し、ジャガイモはトマト同様（ともにナス科植物）、花と茎葉が同時に発育し、地下部への養分供給に支障をきたさないからです。

重要な環境は温度のみ

塊根類はすべて低緯度起源で、短日植物（**17ページ参照**）です。塊根類は日長による花成の心配がないので、水が豊富な日本では、気・地温が生育に関する唯一重要な環境要素となります。

起源地によって二つのグループに分けて説明します。

アメリカ大陸起源

ジャガイモとサツマイモですが、共通点と相違点をあげてみます。

南北の救荒作物

ともに、でんぷん生産効率の高い作物で、食糧や加工原料としても重要であり、副食として生鮮利用される時だけ野菜として取り上げられます。米麦などの穀物飢饉を救う代表的な救荒作物です。サツマイモが江戸時代の徳川吉宗と青木昆陽にさかのぼるまでもなく、先の戦中・戦後の食糧難で最も有効な代用食であったことは、年配の方の記憶に新しいことでしょう。

一方、ジャガイモはヨーロッパ特にドイツなどの中欧では、野菜というより食糧の一部で、19世紀中半にジャガイモに疫病が蔓延した時はジャガイモ飢饉と呼ばれたほどです。

ジャガイモは冷涼、サツマイモは高温作物

ジャガイモとサツマイモの起源地はともに中南米で、距離的には比較的近いのですが、大きな違いは標高差です。ジャガイモの起源地はアンデス高原地帯と考えられ、自生も栽培も3000m以上の地域が多く、冷涼気候を好みます。

一方、サツマイモは現在の栽培こそ東南アジアに多いですが、アジアでは近縁野生種が発見されず、関連するすべての近縁野生種が発見されている中南米の熱帯低地が起源と考えられ、高温を好みます。

↑冷涼を好むジャガイモと高温性作物のサツマイモ。

ジャガイモ

日本には16世紀後半にオランダ人が長崎に導入したといわれ、ジャガイモの名称はジャガタラ（現在のジャカルタ）に由来します。このようにかなり古くから導入されましたが、暑さを嫌うことから、栽培が普及したのは明治になって北海道開発が進んでからです。

作型に関連する生態特性

生育温度

昼温20℃、夜温10～14℃の冷涼を好みます。

種イモの休眠

塊根を種イモとして使いますが、塊根は肥大終了後、萌芽しない休眠期間があり、ある期間経過すると、まず頂芽から1本萌芽する時期、次いで2本と、休眠覚醒にしたがって萌芽数が増えます。種イモの休眠覚醒度によって萌芽株の生育が異なり、覚醒の浅い種イモを用いた場合には、つけるイモ数は少ないが大きなイモができ、逆に十分に覚醒した種イモを用いた場合には早生となり、イモを多くつけるが小さくなりがちです。

休眠期間は品種によって異なるので、作型によって適当な品種と適当な休眠覚醒程度の種イモを選ぶ必要があります。

主要作型と特徴

←ジャガイモの花。

↑ジャガイモは露地栽培が基本。

栽培面積が広く、貯蔵・輸送が比較的容易なので、露地栽培が主となり、環境調節はマルチかトンネルなどに限られます。

冷涼気候を好むので、温暖地では夏を避け、冬・春植え（**次ページ図18-1**の春作）と秋植え（**図**の秋作）、寒地・寒冷地で春植え（**図**の夏作）が主となります。

①春作

暖地・温暖地では12月～3月に植え付け、5～7月収穫が中心になります。低温期はトンネルやマルチで保温すると安全です。

②夏作

4～5月に植え付けて8～9月を中心に収穫する作型で、寒地・寒冷地が主産地になります。生育適期が長く、収量・品質ともに高く、日本のジャガイモ生産量の60％以上を北海道の夏作が占めています。

春作や夏作で植え付け期が低温の場合、催芽促進のために、種イモを植え付け前の20～30日間、昼間日光をあてて15～20℃とし、夜間は適宜保温する、浴光処理を行います。

③秋作

8～9月に植え付け、温暖地では11～12月に収穫、暖地では3月上旬まで収穫を延長することができます。

品種

生食用には‘男爵’と‘メークイン’が大半を占めていますが、暖地の二期作には‘デジマ’‘ニシユタ

図18-1　ジャガイモの基本作型と地域別作期

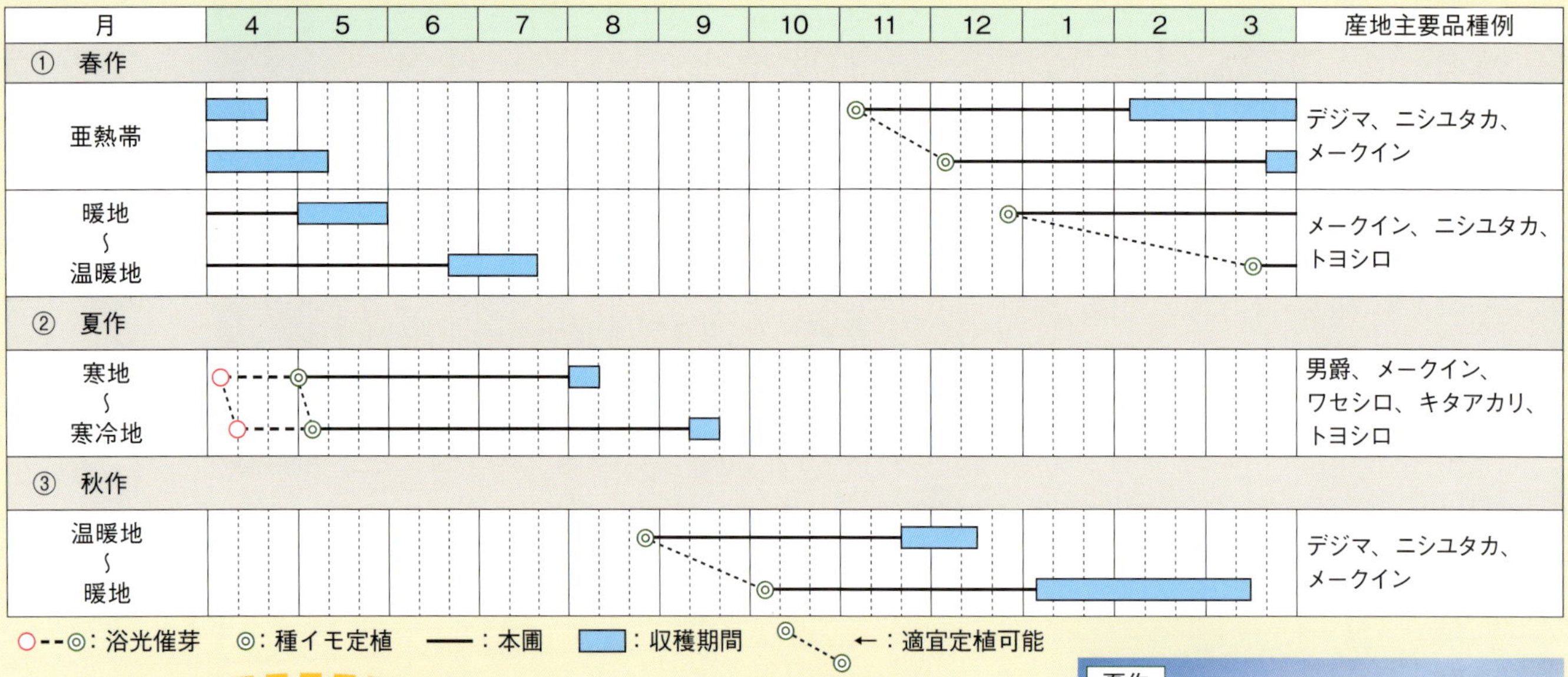

↑日本のジャガイモ生産量の60%は夏作の北海道産で占められる（写真：北海道富良野、7月）。

力、などの休眠の浅い早生品種が利用されます。

サツマイモ

前述のように起源地はアメリカ大陸と考えられますが、古来東南アジアに広く分布しており、日本への導入は諸説があるものの、琉球から薩摩に入ったというものが有力です。前述の青木昆陽の功績は関東地方への普及です。

作型に関連する生態特性

生育温度

塊根の肥大適温は20～30℃で、地温15℃で生長が停止し10℃で枯死します。貯蔵は13℃程度とします。

主要作型と特徴

高温性で生育期間も長いので、寒地・寒冷地ではほとんど栽培されず、イモの輸送・貯蔵が可能なことも作型の分化を少なくしています。

サツマイモがほかのイモ類と異なる点は種イモを苗床で育苗して、つるを本圃に定植することができることで、生育期間を長くとるために、春に保・加温育苗して地温が20℃程度に上がってから本圃に定植します。

露地定植では5～6月定植、9～11月収穫が標準で、マルチ栽培で4月定植、8月収穫に、暖地のトンネルやハウス定植では5～7月収穫も可能です。

↑サツマイモは種イモを苗床で育苗して、つるを本圃に定植することができる。

熱帯降雨地域起源

サトイモ、ヤマイモは日本で古来より重要な野菜であり、江戸時代まではイモといえばサトイモかヤマイモのことでした。

いずれも熱帯・亜熱帯の降雨地帯に広く分布する多年生植物で、こうした地域では一年中生育・収穫できる多年作物の方が、種子繁殖性作物より有利で、サトイモとヤマイモはバナナと並んで、重要な食糧作物です。ただ当然のことながら、休眠性をもたないため、日本のような温帯での越冬が難しい欠点がありますが、後述のように日本の導入品種はかなりの耐寒性をもっています。

サトイモ

日本への導入前に中国で淘汰されたものが多く、比較的低温に強くなっています。発芽適温は最低15℃、生長適温は25～30℃です。低温に対して地下部は5℃まで耐えるが、長期貯蔵には10℃を要します。

サトイモの作型

高温性であること、生育期間が長いこと、輸送・貯蔵ができることなどから、作型の分化が少なく、産地も東北中部以南に限定されます。

露地栽培が普通で、霜の恐れがなくなるのを待って、なるべく早くに定植します。4～5月定植、9月以降収穫が標準です。トンネルやハウス定植、また催芽後の定植により収穫期を前進できます。

サツマイモと並んで高温下の長い生育期間を要し、今でも夏をフルに経た秋が主な収穫期であり、野菜の周年供給の進んだ現在、旬の残っている数少ない野菜でしょう。「いも名月」の"いも"はサトイモを指し、皮のままゆでた「きぬかつぎ」は秋の季語となっています。

↑4～5月定植、9月以降収穫が標準。現代では数少ない「旬」の残っている野菜の一つ。

ヤマイモ

日本で栽培されるヤマノイモ科は3種の植物からなり、名称も地域などで異なり複雑ですが、一番栽培の多いのは一般にヤマイモ（またはナガイモ）と呼ばれる種です。中国高原気候起源とされ、ヤマノイモ科植物中最北に分布しています（藤枝、1993）。それでも高温性植物で生育には17℃以上を要し、耐寒性は弱く霜で茎葉は枯れ、イモの貯蔵には13℃程度を要します。

品種も多く、長形の"ナガイモ"、扇形の"イチョウ（銀杏）イモ"、塊形の"ヤマト（大和）イモ"や"イセ（伊勢）イモ"などとも呼ばれています。

"ナガイモ"はほかの品種より草勢・耐寒性が強く、寒地・寒冷地でも栽培されますが、"イチョウイモ"や"ヤマトイモ"などは温暖地・暖地での栽培が多くなります。

熱帯種もごく一部（九州・沖縄のダイジョ）で栽培され、また日本独自のジネンジョ（自然薯）は従来自生のものを採集していましたが、プラスチックパイプを使った栽培がかなり増えています。

→日本で一番多く栽培されているヤマイモ（またはナガイモ）。

↑扇形の「イチョウイモ」。

→塊形の「イセイモ」。

ヤマイモの作型

霜害の危険がなくなってから植え付ける露地栽培が主で、寒地・寒冷地で5月定植、11月以降収穫、暖地・温暖地で4月定植、10月以降収穫が標準です。生育期間の短い寒地では萌芽して植え付けます。

ショウガ

ショウガも熱帯降雨地帯に分布する多年生植物で、サトイモやヤマイモのような耐寒性の淘汰を受けておらず、同じショウガ科でも日本原産のミョウガが低温休眠性で越冬するのに対し、休眠をもたないので、生育、貯蔵ともに高温を要します。20～30℃が生育適温で、18℃以上で発芽、15℃が生育限界、塊根貯蔵には13～16℃を要します。

十分肥大した塊根を収穫する「根ショウガ」、若い塊根を茎葉のついたまま出荷する「葉ショウガ」、さらに幼い軟化催芽株を出荷する「芽ショウガ（筆ショウガ）」があります。

↑肥大した根を用いる「根ショウガ」。

↑若い根を茎葉のついたまま用いる「葉ショウガ」。

←はじかみとも呼ばれる幼い軟化催芽株を出荷する「芽ショウガ」。

ショウガの作型

長期間の高温を要するので、産地は温暖地・暖地に限定されます。

露地栽培は遅霜の危険性のなくなった4～5月に定植し、根ショウガで9～11月が主な収穫期になります。生鮮物が好まれ、特に若ショウガは貯蔵が困難なので、ハウスによる早熟、さらには加温促成まで行われ、4月まで収穫期が早まっています。

需要のあるところ、作型が発展する例です。

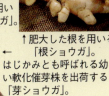

19

果菜類(1) 低温性マメ類

エンドウ・ソラマメ

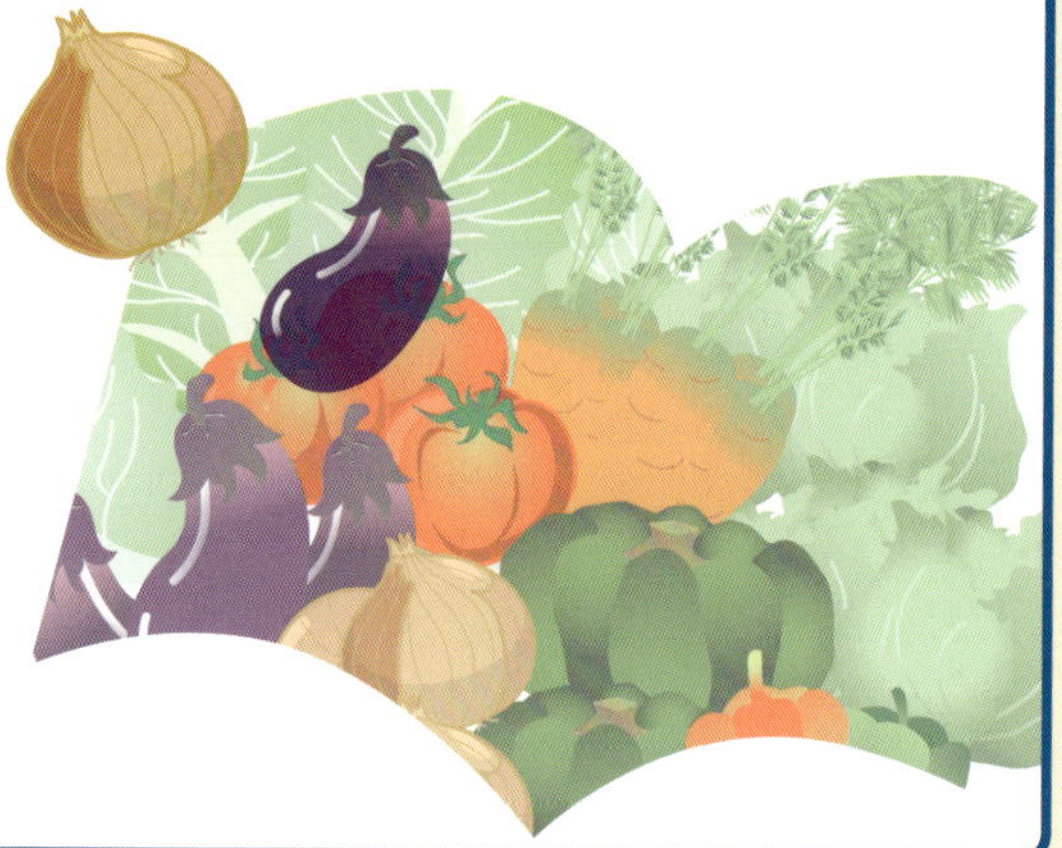

ここから果菜に入ります。

これまでに述べた葉根菜が栄養器官の生産であったのに対し、生殖器官が生産物となる果菜では、葉根菜では避けねばならなかった花成が絶対に必要になります。

↑生殖器官（実など）を食べる果菜では実をならせるため、花成が絶対必要となる。

作型は作期気候への適応

作型とは栽培期間中の気候推移に適応する生産技術体系であり、栽培技術の柱は品種選択と環境調節です。

これまで述べた葉根菜の大部分は冷涼気候を好み、耐寒性も強く、露地栽培が可能な季節が多いものです。したがって、作期気候に適応する品種選択が作型の基本となり、環境調節は幼苗期などに限られた補助手段となります。

これは日本の葉根菜類の大部分が長日性花成の植物だからで、シソなどの短日性葉菜は暑さに強く、寒さに弱くなります（71ページ参照）。

このように**生長温度を左右するのは葉菜か果菜の区分ではなく、花成の日長性なのです。**

果菜の日長性

日本の果菜の大部分は低緯度起源の短日植物で、花成を開始する短日期前の長日中に茎葉を茂らせる必要があるので、高温生長性で寒さには弱く、日本の一般温暖地では越冬能力がありません。そこで周年生産のためには施設利用が必要となり、作型技術において環境調節の占める比率が高くなります。

↑日本の果菜の多くは高温生長性で寒さに弱く、周年生産のためには施設の利用など、環境調節が必要になる（写真：トマトのハウス栽培）。

低温性果菜

ところが果菜類にも例外があり、

マメ類の中でエンドウとソラマメは、長日花成性で低温生長性です。私は中学生のころ四国で田作りを手伝っていましたが、稲作の畝にはダイズ（エダマメ）を作り、裏作のムギにはソラマメを作っていました。このようにイネ科に短日花成・高温生長性のイネと、長日花成・低温生長性のムギがあるのと同様、五穀の一つであるマメ科にも短日花成・高温生長性のダイズなどと、長日花成・低温生長性のソラマメなどがあるのです。

低温性果菜では葉根菜の多くと同様、露地栽培が主体で施設利用の依存度が低いので、本書の流れに沿って、マメ科から始めたいと思います。

↑実エンドウ「久留米豊」。

果菜類の中でも例外的に、
低温生長性です。これまで解説した
葉根菜類と同様、露地栽培主体で
施設依存度が低いのが特徴です。

↑ソラマメ「仁徳一寸」。

低温性（長日花成）マメ科野菜

マメ科野菜にはエダマメ（ダイズ）、インゲンマメ、エンドウ、ソラマメなどがありますが、莢《さや》または未熟種子（子実）を未加工のまま副食として利用するものを野菜として扱っています。

エンドウとソラマメはともに地中海～中東の温帯起源であり、本来は長日花成植物です（**17ページ参照**）。現在の品種は、花成に日長の影響をあまり受けないものが多くなっていますが、ほかの多くの長日植物同様、花成に低温を要求し、しかも催芽種子の段階から低温に感応するシードバーナリ型です。

エンドウ

莢用（サヤエンドウ）と青実用（グリーンピース）に分けられますが、青実がかなり大きくなっても莢ごと食べられるスナップエンドウもあります。

発達した地域により東洋系と欧州系に大別されますが、莢用には小型だが早生で、耐寒性の強い東洋系が利用され、特に小型品種の多くは絹莢と呼ばれます。大莢としては欧州系の「オランダ」などがあります。

グリーンピースには糖含量の高い欧州系が主に使われますが、糖含量が高まるほどマメが成熟するとしわが出やすくなり、耐寒性も弱まるので、中間の品種が利用されます。

作型に関連する作物特性

15～20℃の冷涼を好み、耐寒性は強く幼植物は0℃以下にも耐えますが、開花以降は5℃以下を避ける方が無難です。シードバーナリ・長日型植物ですが、低温・長日の効果は品種間で異なり、ほとんど差の見られない品種もあります。

↑冷涼を好み幼苗期では特に耐寒性が高いエンドウ（写真「成駒三十日」発芽）。

主要作型と特徴

エンドウは①暑さに弱い、②寒さに強い、③花成に低温を要求する品種が多い、などの点から、一般暖地

エンドウの種類

【莢とり用】

↑大莢の欧州系品種（写真「オランダ」）。

↑「絹莢」と呼ばれる小型の東洋系品種（写真「成駒三十日」）。

【スナップエンドウ】

↑実がかなり大きくなっても莢ごと食用できるスナップエンドウ（写真「グルメ」）。

【実とり用】

↑グリーンピースとして利用される実エンドウ（写真「ウスイ」）。

図19-1　サヤエンドウの基本作型と地域別作期（露地栽培のみ記載、施設については本文参照）

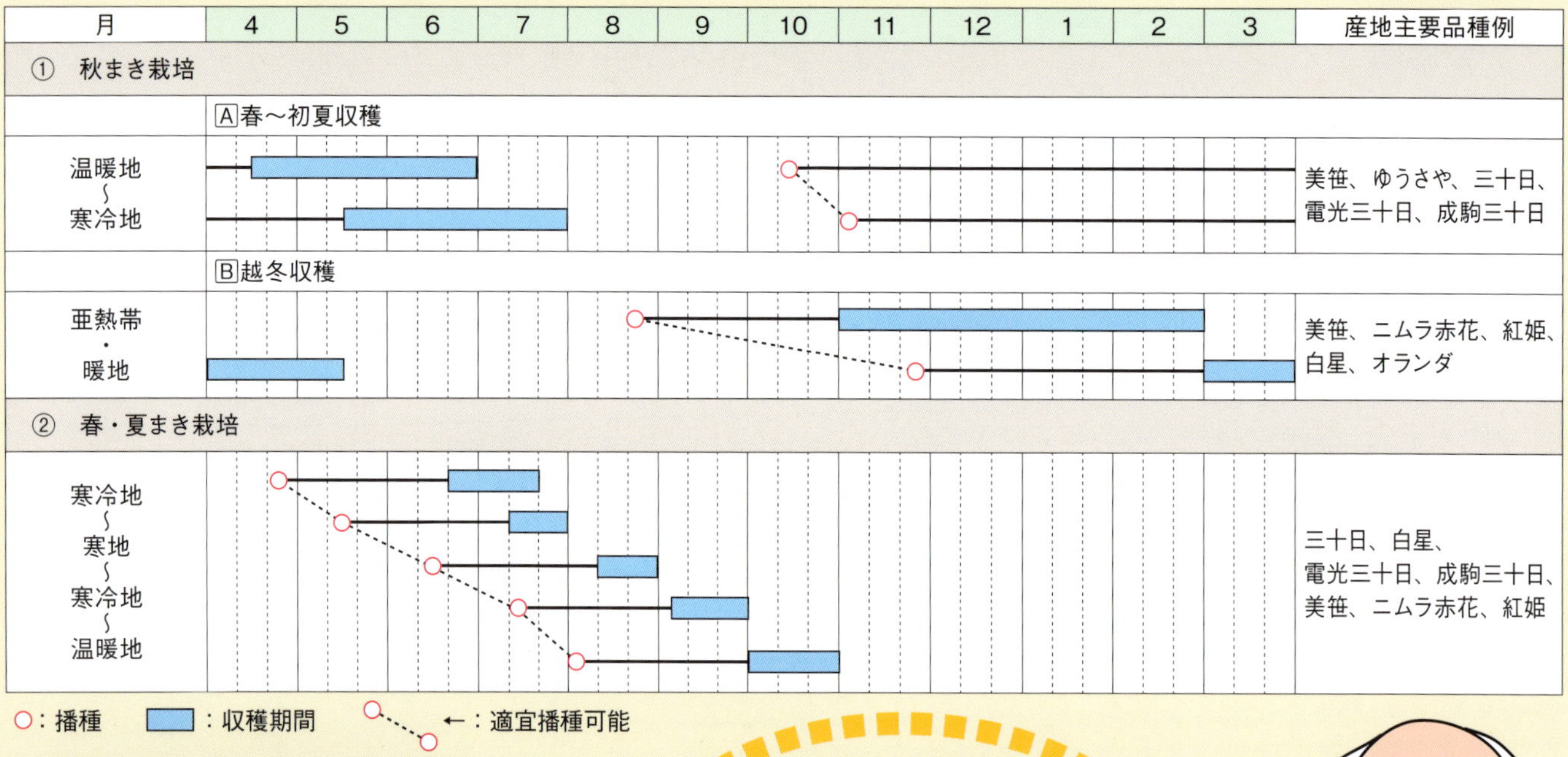

←秋まきすることで、寒さに強い若株のうちに越冬させ、春～初夏に収穫する（生育中のサヤエンドウ、3月、滋賀県）。

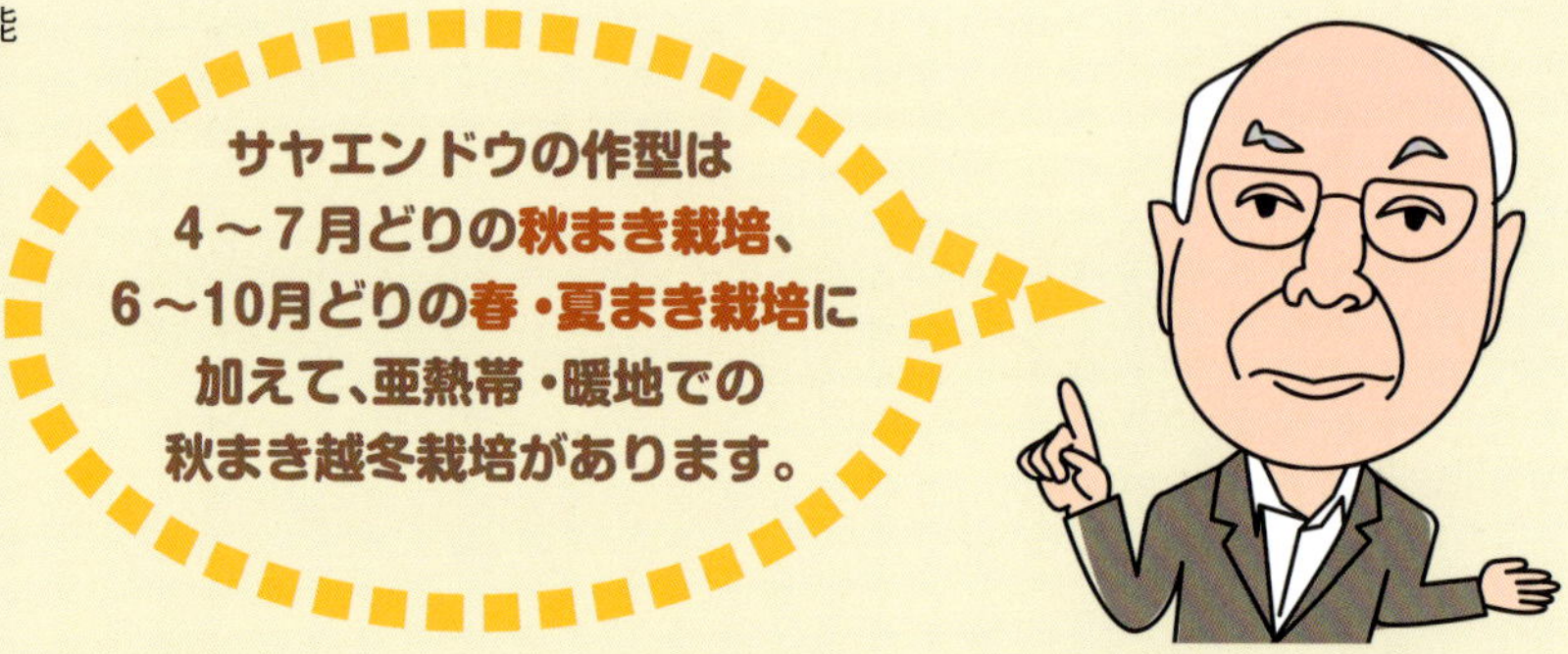

では秋まき、春～初夏収穫の栽培が主になります。

●サヤエンドウの作型

図19-1では地域と作期対応を鮮明にするため、露地栽培のみを取り上げます。

①秋まき栽培

A春～初夏収穫

まだ寒さに強い若株の状態で越冬させ、春から開花・結莢させます。温暖地では10～11月播種、4～6月収穫、寒冷地では11月播種、5～7月収穫が標準となります。早どりでは播種期が早すぎると寒害を受けやすくなるので、耐寒性の品種を利用し、遅どりには寒冷地が適します。

B越冬収穫

開花以降は寒さに弱くなりますが、5℃以上あれば栽培できます。そこで、鹿児島ほかの無霜暖地や亜熱帯では秋まきで、11月から翌春4月過ぎまで、長期収穫が可能になります。なお、温暖地でもハウスを利用すれば同様の栽培が可能で、雨よけハウスを使えば夏まきもできます。

②春・夏まき栽培

冬が厳しく越冬困難だが夏が冷涼な寒地・寒冷地では、4～7月播種、6～9月収穫となります。早まきには保温育苗のうえ、トンネルやハウス（雨よけ兼用）に定植します。冬が温暖な沿岸暖地では8月播種、10月以降の栽培となり、前述の秋まき、越冬収穫にリレーします。

夏まき栽培ではバーナリ性の高い品種を利用すると、低温不足のため花がつきにくくなるので、品種選定が大切です。西洋系のような低温要求性の高い品種を利用する場合には、催芽種子の低温処理（2℃20日間）が有効です。

●青実用（グリーンピース）の作型

グリーンピース（実エンドウ）は冷凍貯蔵が容易なので、周年生産の必要が少なく、使う品種が低温を要する欧州系が多いので、低温を経て開花する秋まき栽培が主になっています。播種は10～11月、温暖地では5～6月収穫が多いですが、鹿児島や沖縄の暖地・亜熱帯では冬を通して収穫できる有利性をもっています。

↑10～11月播種、5～6月収穫が一般的な実エンドウ。暖地・亜熱帯の地域では冬季の収穫も可能（写真「南海緑」の収穫、4月、鹿児島県）。

ソラマメ

起源は明らかではありませんが、中東から地中海沿岸といわれます。

ソラマメの名称は莢が空に向いてつくためと考えられ、「蚕豆」は漢名です。

↑莢が天を向いてつくことから、その名がついたといわれるソラマメ。

作型と関連する作物特性

花成反応

シードバーナリ型で、低温要求量は品種で異なり、春まき栽培の多い北欧ではほとんど低温を要しない品種になっています。一方、日本の品種は依然として低温を要求します。

生育温度

15〜20℃の冷涼を好み、耐寒性は幼苗期では高くマイナス5℃にも耐えますが、春に伸長を始めると霜害を受けやすくなり、特に花や莢は0℃以下で被害を受けます。

暑さには弱く、25℃以上では障害が出ます。

主要作型と特徴

図19−2は全部育苗栽培になっていますが、一貫露地栽培では直播も行われます。

①秋まき栽培

シードバーナリ型植物で、低温にも強いことから東北南部以南では10月播種で、5〜6月収穫の秋まき栽培が基本的な作型です。図はすべて露地になっていますが、冬季にトンネルなどで被覆をすれば収穫期を1カ月ほど早められます。

しかしソラマメは矮性で、株元から出た多くの枝がそろって発育し、気温が上昇すると花同士の養分競合で衰弱するので、秋まき栽培では7月以降の収穫は無理です。

↑東北南部以南で10月播種の5〜6月収穫の秋まき栽培が最も一般的（写真「三連」の収穫、5月、和歌山県）。

②夏まき栽培

図19−1（サヤエンドウ）の秋まき越冬収穫にあたります。暑中に播種するので、バーナリのための低温が不足してしまうことから、催芽種子の低温処理（3℃で25〜30日間）が普及しています。亜熱帯では露地栽培が可能ですが、暖地ではハウス利用が一般的です。低温下の着花、着莢なので、収穫期間が長くなる利点があります。

③春まき栽培

越冬不能の寒冷地（東北北部）で、保温育苗により2〜3月に早まきして、マルチなどでも定植を早め6月下旬〜7月の盛夏前に収穫します。

以上ですが、同じシードバーナリ植物でも葉根菜では早期抽苔を避けるために低温回避の努力をし、一方、果菜であるエンドウやソラマメでは、花を咲かせるために人為的に低温処理までするという違いがおもしろいですね。

20ページで述べたように、ロシアの科学者がバーナリゼーションの現象を発見したのも、通常春まきでは開花しない秋まき性品種の種子を、催芽後に一定の低温にさらしてから播種することによって、春まきでも開花させることに成功したからです。

次項は高温性果菜を紹介します。

図19-2 ソラマメの基本作型と地域別作期（露地定植のみ記載、施設については本文参照）

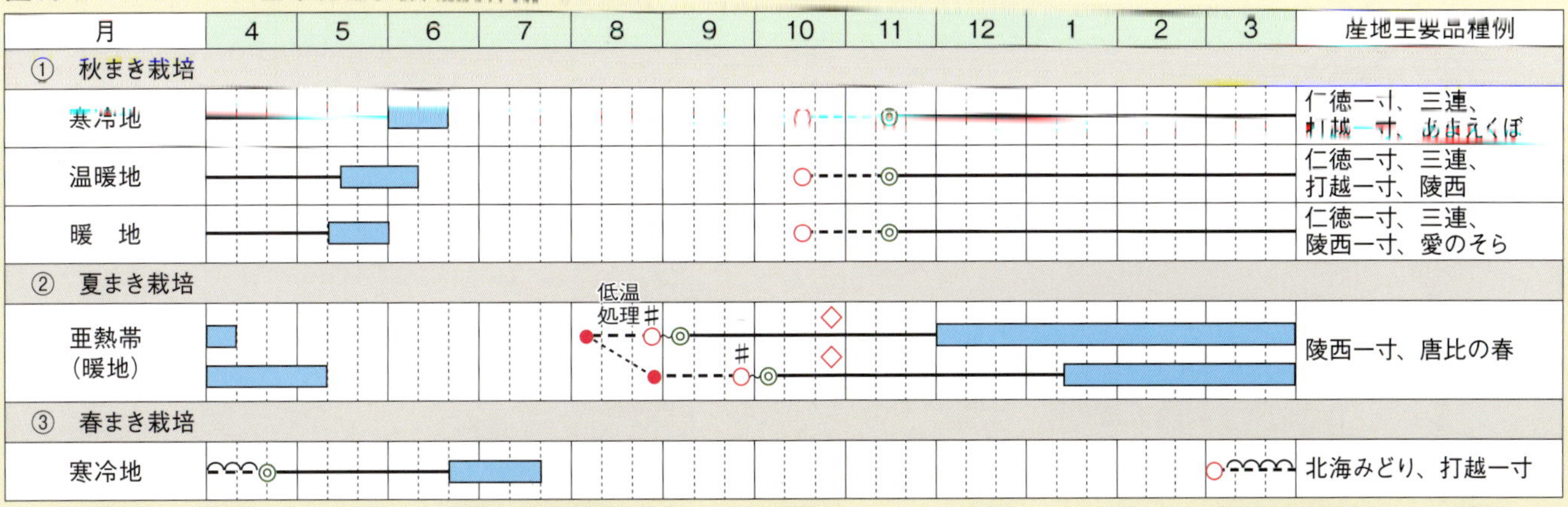

20

果菜類（2）
高温性果菜
ナス科・ウリ科・マメ科・イネ科・アオイ科

高温性（短日性）果菜の作型

高温性果菜にはナス科、ウリ科、マメ科（前回の低温性を除く）、イネ科（スイートコーン）、アオイ科（オクラ）などが含まれます。

播種～収穫開始期間、さらには収穫継続期間の長さの違いなどにより一様に説明することは困難ですが、**図20-1**にトマトの温暖地における周年作型の模式図を示してみました。図中で作型名（番号）は標準播種期の位置に配置しましたが、これは一例にすぎず、各作型の相対的位置を示すものとして理解してください。なお、播種期と収穫期のみ示し、定

高温性（短日性）果菜

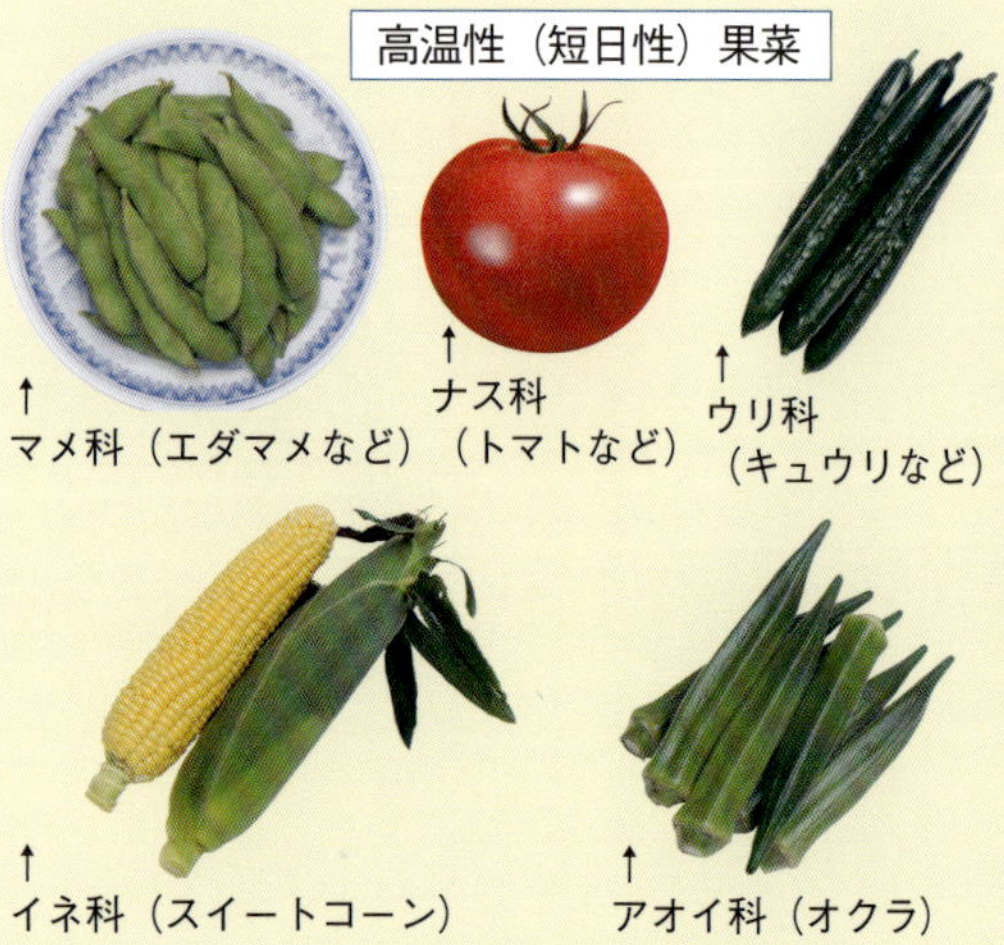

図20-1　トマトの周年作型模式図

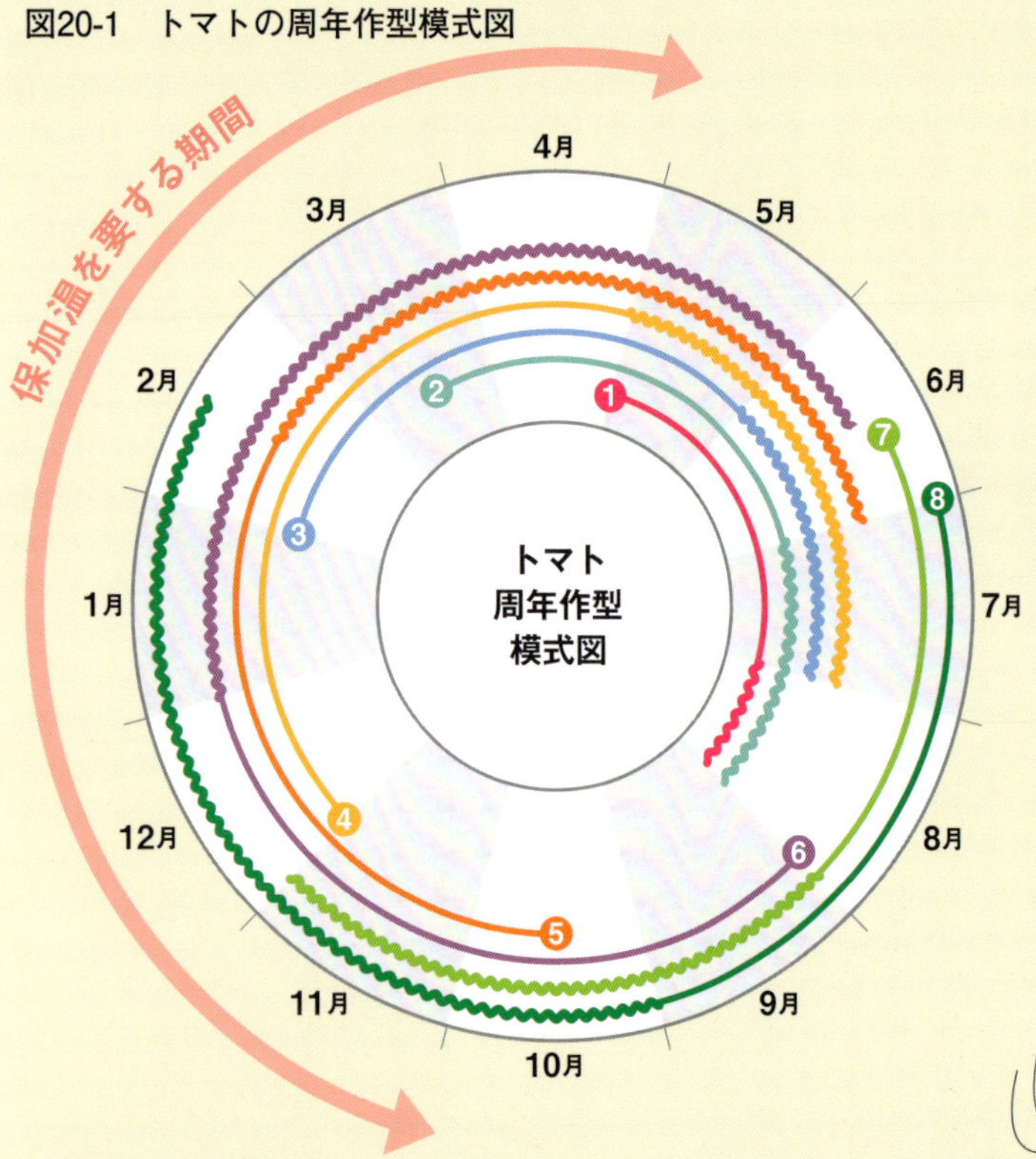

●：播種期（●の中の番号は下記作型番号）　━：生育期　〰：収穫期

❶ 露地早まき栽培（普通栽培とも呼ばれる）
❷ 早熟栽培（露地植え）
❸ 早熟栽培（トンネル定植）
❹ 半促成栽培（無加温）
❺ 半促成栽培（加温）
❻ 促成栽培
❼ ハウス抑制栽培（無加温）
❽ ハウス抑制栽培（加温）

植期、被覆期、加温期などは省略してあります。

全体を大きく分けて、**露地栽培**、**早熟栽培**、**半促成栽培**、**促成栽培**、**抑制栽培**としました。ここで露地というのは、自然気温下の意味で、マルチ、雨よけなどの気温以外を目的とした被覆は対象としていません。

露地栽培（早まき）

図20－1中で①**露地早まき**としたものが作型分化の原点になります。

霜の恐れのなくなったころ（温暖地では5月上旬）に播種する作型で、野菜・茶業試験場の作型一覧などでは**普通栽培**と呼ばれている作型です。ここで問題となるのが「普通」の文字で、トマトなどでは次に述べる早熟栽培が普通で、露地早まきは極めて少なく、普通でないという矛盾がありましたので、今回はわかりやすい名に変更しました。この作型がトマトで少ない理由ですが、我が国では降霜終期から盛夏期までが短く、この作型では成熟開始期がすでに暑すぎて、耐暑性の弱いトマトでは収穫期が短く、生産性が低いからです。

早熟栽培

保・加温育苗して収穫期を早めるもので、霜がなくなってから露地に定植する**図20－1**②の**露地植え早熟**から、トンネルなどに定植する③の**トンネル早熟**と進みます。

↑露地植え早熟栽培は、家庭菜園でも行われる最も一般的な作型（「ホーム桃太郎」の定植、5月）。

半促成栽培

さらに定植を早めると、本圃《ぽ》での保温期間が長くなるため、トンネルではスペース不足となり、ハウスを利用して生育期間の大半を被覆下ですごす半促成栽培となります。保温のみの**無加温半促成**（図の④）から収穫前半の加温を前提とする**加温半促成**（図の⑤）に進みます。

↑生育の大半を被覆下で栽培する半促成栽培（写真「桃太郎ヨーク」のハウス栽培、7月、広島県）。

促成栽培

さらに播種期を早めて加温下で収穫に入り、以下必要に応じて保・加温を続ける長期作型でハウスやガラス温室が用いられます（図の⑥）。

↑収穫始めは加温下での収穫になる促成栽培（写真「CFハウス桃太郎」の収穫、9月中旬定植・11月下旬～6月収穫、群馬県）。

抑制栽培

盛夏収穫を避けて播種期を遅らせ、秋収穫を主とする作型で、秋の降霜までに終わらせる露地抑制もありますが、夏の雨よけと秋冬の保温を兼ねてハウス利用が一般になっています。保温のみで栽培可能な時期で切り上げる**無加温抑制**（図の⑦）から後半を加温して収穫を延長する**加温抑制**（図の⑧）に進みます。

以上で、促成栽培と抑制栽培がつながることによって周年栽培のサイクルが完成します。

↑主に秋収穫となる抑制栽培（写真「桃太郎グランデ」のぶっ倒し栽培、9月上旬収穫始め11月中旬に株を倒し12月まで無加温で収穫、千葉県）。

葉根菜で重要であった適地選択と品種選択ですが、適地選択は高温果菜でも燃料コストなどの点で重要です。品種生態については、キュウリやエダマメでは花成の日長性が作型に関与します。ただ低温生長性といった根本的な品種改良は、現在のところ難しい状況です。

施設依存度の作物間差

本書の冒頭で作型成立の前提の一つとして経済性をあげました。コストが成り立つほどの消費があるかどうかです。

トマト、キュウリ、ナス、ピーマンなど、どこの売り場でも年中見られる果菜では**図20－1**のサイクルが完成していますが、比較的マイナーな果菜では冷凍加工などが増えたこと、九州・沖縄のみでなく、海外輸入の増加もあって、**図中の促成栽培**などのエネルギー消費型作型は少なくならざるを得ません。道路に例えると、多車線の舗装道が周年完成している作物と、一部が細い未舗装道路になっている作物があるわけです。

施設園芸の個々の管理技術は省略

〝ハウス栽培〟や〝養液栽培〟を作型呼称している場合も見かけますが、これらは潅水や施肥などと同様、**5ページ**で述べた熊沢提言中の管理方法にあたるもので、作型構成技術の一部であり、詳述する余裕がありませんので、本書では省略します。整枝や接ぎ木技術も同様です。

また作物の順序も、果菜といえばキュウリやトマトから始めるのが普通ですが、本書は露地型の葉根菜から進めてきましたので、その流れから果菜でも露地利用の比重の高いマメ類から始めています。

エダマメ

母体であるダイズが古来の作物ですから、未熟のエダマメも古くから食べられていたと思いますが、記録は少ないようです。

↑エダマメとビールの消長には思わぬ関連性が…。

エダマメとビール

少し横道にそれますが、私は大学時代から酒飲みでした。しかし、大学時代にビールもエダマメも飲食した記憶がありません。そこでビールとエダマメの消長について調べてみたところ、ちょっとした発見をしました。

ビールは明治初期に導入され、戦前に外来酒では最も需要の多いアルコール飲料となり、戦中の急減後も徐々に増加しましたが、急激に増加したのは1955年（私の大卒年）から1975年にかけての20年間で、約10倍の増加です。以後は伸びが止まり、2000年代には減少気味になっています。

次にエダマメですが、1960年から1980年の20年間に生産量が約3倍となり、以降あまり変化なく、2000年に入り減少気味です。つまり、エダマメの生産はビールに約5年遅れながら同様に推移しているのです。

このように1960年以前の、特に東海以西では、エダマメは比較的少なく、先に私が徳島の郷里で田の畦にダイズを作った話をしましたが、これもエダマメ用ではありません。

一方、山形などの東北地方や新潟県では古くから利用されていたようで、『地方野菜大全』（農文協、2002年）でもエダマメはこれら地方の品種が大部分を占めます。山形の「ダダチャマメ」が有名で、新潟にも同系の品種が見られます。「ダダチャ」に限らず、東北、新潟の地方品種は味のよいことはもちろんですが、注目したいのはいずれも現在の多くのエダマメ品種に比べて晩生で、秋に収穫する品種が多いことです。

寒冷地で収穫が遅いのは当然ですが、西でも兵庫の「丹波黒」があります。これは煮豆としておせち料理に欠かせない古い品種ですが、エダマメとしても味のよさと歯ごたえで有名となっています。この品種も10月上中旬収穫の晩生種です。

旧暦9月（現10月）の十三夜を豆名月とか栗名月と呼びますが、この豆はエダマメのことで、エダマメは秋の季語でもあります。

我々はエダマメといえば夏を連想しますが、元来秋の野菜だったようです。

品種の短日性と収穫期

ビールとの関連性はともかく、現代のエダマメ需要は7～8月が中心です。ダイズは本来短日性植物ですが、五穀の一つとして極めて重要な作物であり、世界中で広く栽培されるので、地域気候に応じて短日性の程度は大きく分化しています。花成がほとんど日長に支配されない品種（夏ダイズ型）と、長日下では草ばかり茂り短日になって初めて開花する品種（秋ダイズ型）に大別され、その程度もいろいろです。そこで作型によって適当な日長性をもった品種の選択が重要になります。

↑兵庫県の名産「丹波黒」。10月上中旬収穫の晩生種。

↑夏ダイズ型の「奥原早生」。

作型に関連する作物特性

花成以外の特性として、生育適温は25℃、昼温は25～30℃程度の高温作物ですが、夜温は低い方がよく、夜の高温は着莢《ちゃっきょう》が低下し豆の品質も低下します。

株ごとに収穫し、適熟（開花後30～40日）でなければならないので、収穫期が集中します。生育期間は80日程度の夏ダイズ型から、120日程度の秋ダイズ型まであります。

主要作型と特徴

図20－2に示します。

早熟栽培

冬春の被覆を要する作型で、エダマメは育苗と直播が混在しますので、①の早熟栽培には図20－1の露地植え早熟とトンネル早熟が含まれています。温暖地では2～3月播種、5～6月収穫となります。

↑トンネル＋マルチで栽培される「江戸緑」。栽培始めは3月上旬、収穫は6月上旬、埼玉県。

露地早まき栽培

春、気温の上昇を待って播種します。亜熱帯・暖地では2～3月播種、5～6月収穫、温暖地では4～5月播種、7～8月収穫、寒冷地では5～6月播種、8～9月収穫中心です。

↑主に温暖地では夏季の収穫になる露地早まき栽培（写真「ビアフレンド」の収穫、7月、静岡県）。

露地抑制栽培

9～10月収穫の作型で、どの品種でも播種期を遅らせればできますが、この作型では前述の高品質地方品種のような秋ダイズ型品種を利用できます。

その他、4月以前収穫のハウス・ガラス室栽培（図20－1の促成栽培）も静岡県などにありますが、省略させていただきます。

インゲンなど、ほかのマメ類は次に紹介します。

エダマメの作型は温暖地では夏季に収穫する早熟栽培と露地早まき栽培、秋ダイズ型品種を使う9～10月収穫の露地抑制栽培があります。

図20-2　エダマメの基本作型と地域別作型

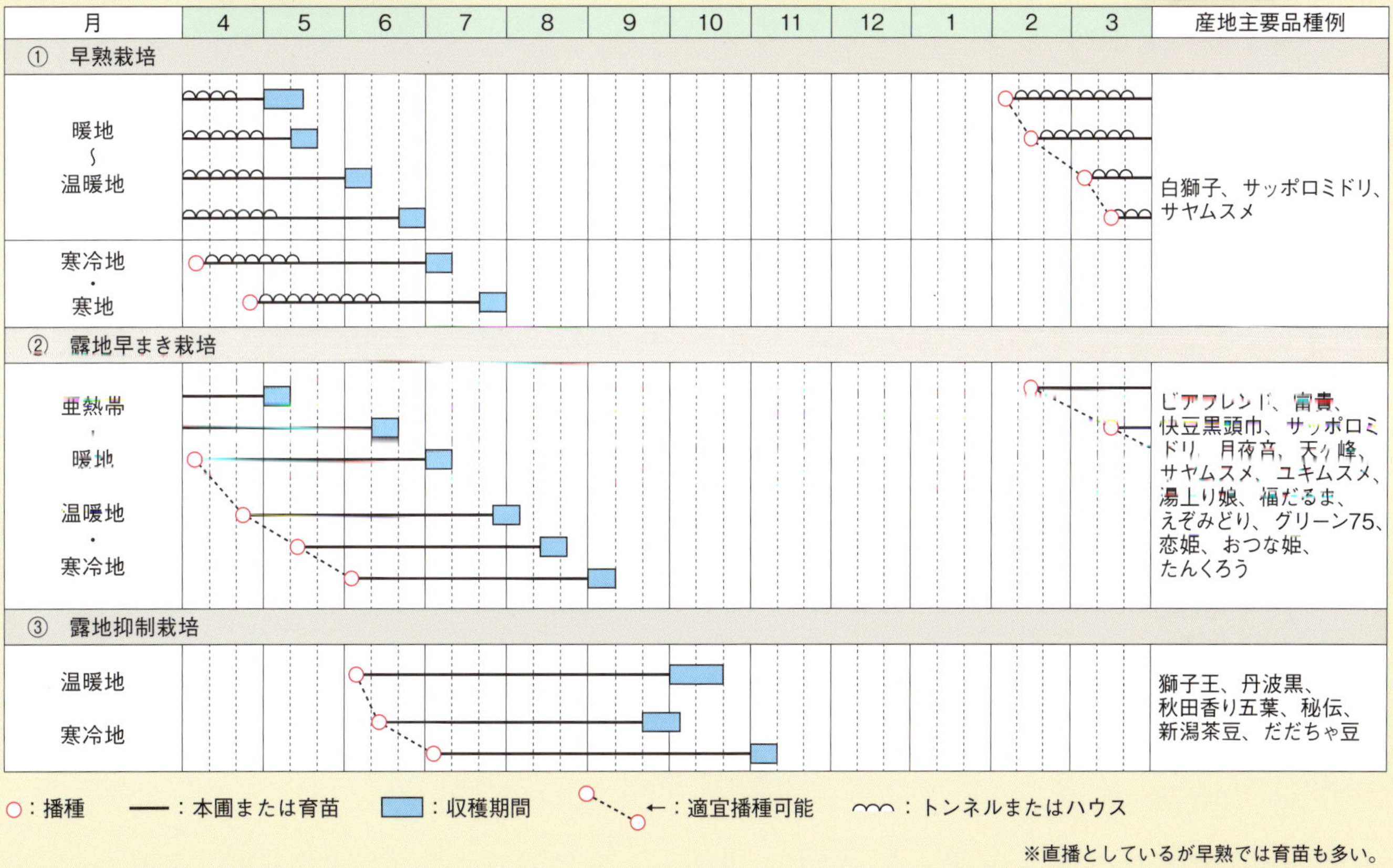

※直播としているが早熟では育苗も多い。

21

果菜類（3） 高温性果菜
サヤインゲン・スイートコーン・オクラ

サヤインゲンはインゲンマメの、またスイートコーンはトウモロコシの一つの亜種（後述）の、いずれも幼果を野菜として利用するものです。

インゲンマメとトウモロコシ

インゲンマメとトウモロコシをセットで扱うつもりはなかったのですが、両者には生態的な共通点があります。

両方ともアメリカ大陸起源で、インゲンマメは中米のメキシコ中央高原起源といわれ、高度750～1800mに自生が認められています。ちなみに同属のベニバナインゲンは同地域の1800m以上に自生し、長野県でもインゲンマメより高地に栽培されています。

トウモロコシは、始源植物がはっきりせず、起源地も南米アンデス地域を含め特定されていませんが、インゲンマメやベニバナインゲン同様、メキシコ中央高原地域にも自生が見られます。興味深いことに、トウモロコシの先祖として有力視される植物が自生しているのと同じ場所で、インゲンマメやベニバナインゲンがトウモロコシの近縁植物の茎につるを巻き付ける状態で共生しており、現地人も混植を行い、白人も真似をしたとのことです。なお、近くには西洋カボチャも混生しているようです（以上田中正武、1989およびJones and Rosa, 1928より）。

これら高原起源の作物は高温というより中温植物で、日本では夏は北海道などの寒地を除いては暑すぎ、沖縄では冬の大部分を露地生育できる程度の気温です。

インゲンマメ

インゲンマメ（以下インゲン）は江戸時代初期に渡来したといわれていますが、隠元上人の話を含め、ササゲやフジマメの来歴と混同されている場合が多いようです。

実際に普及したのは明治初年に欧米から多くの品種が導入されてからで、品種改良は主に西欧で行われました。私は九州農試時代の昭和35年ごろインゲンを担当し、各国から品種を導入したことがありますが、異名同種が多く、実際の品種数は比較的少なかったことを記憶しています。しかし、そのころから日本でも交雑育種が進み、現在では独自の品種が発達しています。

←ハウス被覆により亜熱帯以外の地域でも、越冬栽培が可能（写真「モロッコ」の収穫、4月、熊本県）。

→4～8月収穫の春夏栽培にあたる（写真「ケンタッキー101」の収穫、8月、福島県）。

→矮性種（つるなし種）（写真「恋みどり」）。

図21-1　サヤインゲンの基本作型と地域別作期（無加温栽培のみ）

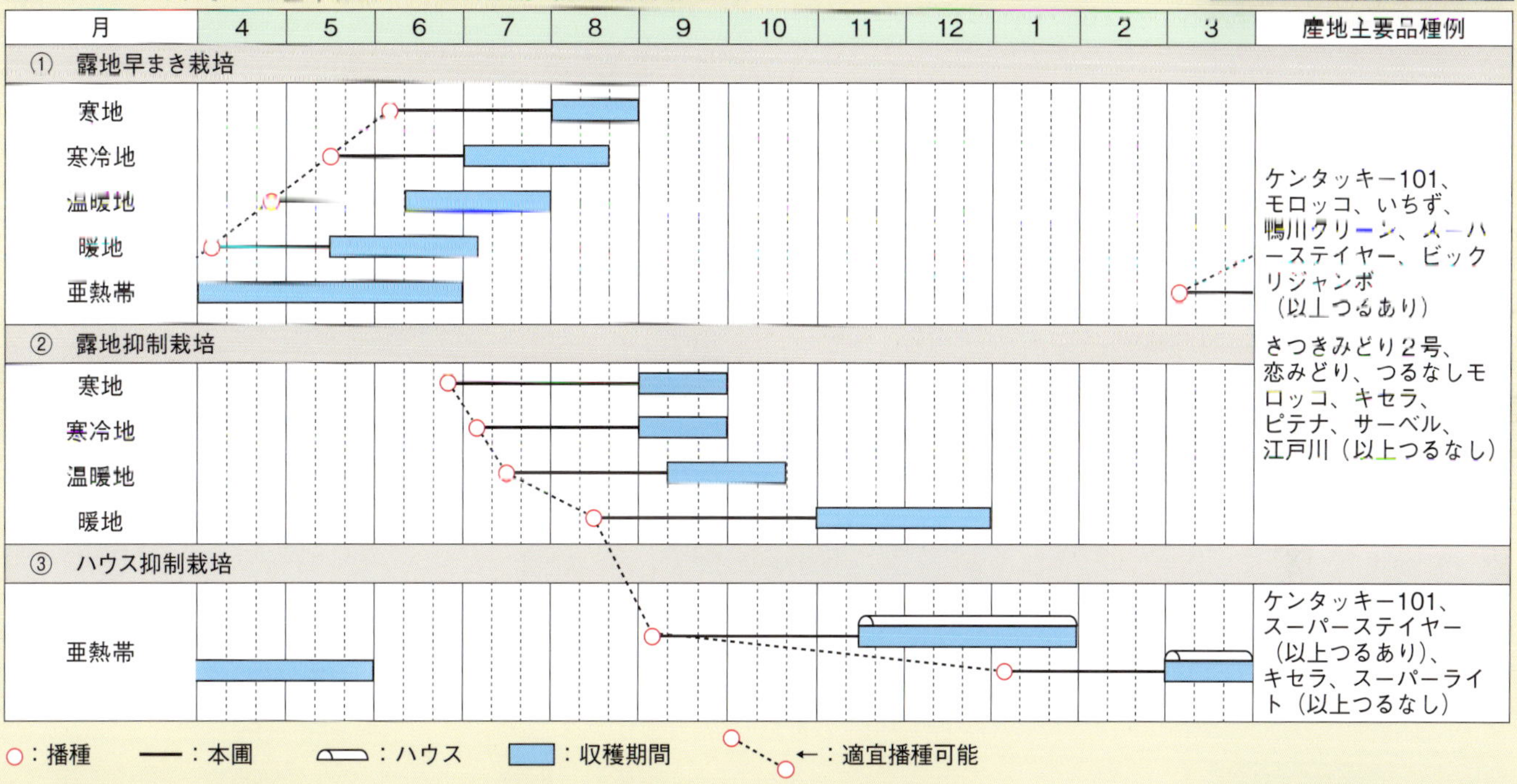

↑つる性種（つるあり種）（写真「モロッコ」）。

作型に関連する作物特性

元来は短日植物ですが、現在の品種は日長の影響が少なく、作型を支配する環境はほとんど気温のみです。栄養生長期の適温は20～25℃で、10℃以下や30℃以上では特に着莢《ちゃっきょう》・肥大が低下します。

つる性、半つる性、矮性とあり、矮性ほど生育・収穫の期間が短くなります。一般に早どりや抑制のように特定期を狙った作型に矮性品種が用いられる傾向があります。

主要作型と特徴

図21－1にサヤインゲンの無加温栽培による周年生産を示しました。

つる性と矮性で違ってくるのですが、収穫始めはさほど違わず、収穫期間は矮性が短く、つる性は延長可能と理解してください。

8月を境として図左側の春夏栽培（①）は前項**図20－1**の露地早まき栽培のみとしましたが、早熟、半促成、促成栽培による早期収穫も可能です。同様に図右側の栽培は露地抑制（②）のみにしましたが、③のハウス抑制栽培は亜熱帯（主に沖縄）のみでなく、ほかの地域でも可能です。

図21－1のようなシンプルな図にした理由は、サヤインゲンが真夏は北海道で、また冬は沖縄でほぼ露地栽培が可能という、日本での周年生産にぴったりの作物であることを理解してもらいたかったためです。

図に見られるように、①の露地早まき栽培は亜熱帯の早春まきから北海道の6月上旬まきと遅くなり、4～8月までの収穫を担当します。最北の北海道では播種期をわずかに遅くすると9月収穫、つまり図右側の抑制栽培の出発点となり、一連の露地栽培になっているのです。

抑制栽培では北海道から南下するにしたがって播種、収穫期ともに遅くなり、暖地では年内まで収穫可能です。

最後に③のハウス抑制ですが、沖縄を中心とする亜熱帯ではほとんど露地越冬が可能なのですが、ハウス被覆により生産がより安定し、サヤインゲンの冬生産の大きな担い手になっています。

スイートコーン

トウモロコシとスイートコーン

トウモロコシはイネ科作物で、イネ、コムギと並んで世界の三大穀物ですが、スイートコーンはトウモロコシという植物の下に位置する亜種（変種などとも呼ぶ）の一つで、ポップコーンやデントコーンなどもトウモロコシの亜種です。これらは互いに交雑するので、生物学的にはトウモロコシという種に属するわけです。そこでスイートコーン栽培の際、近くにほかのトウモロコシがあると交雑しておかしな実になるので注意が必要です。

スイートコーンの歴史

Jones & Rosa（1928）によるとスイートコーンは世界で最も新しい作物の一つです。つまりほかのトウモロコシはコロンブスの新発見後速やかに海外に出ましたが、スイートコーンはアメリカ南部州から北部のニューイングランドへ1779年に初めて導入され、1828年に最初の品種ができたといいますから、200年に満たない作物です。

甘さなどの形質

甘いからスイートコーンと呼ぶのですが、昔の品種は今の品種ほど甘くなく、収穫後の甘さの減退も激しいものでした。現在の品種はスーパースイートコーンと呼ばれる品種群で1970年ごろから増加し、それまでの品種に比べて2倍以上も甘く、収穫後の甘さの減少も少ないので、スイートコーン全体の人気を高めました。果実（大部分が胚乳）の色は黄か白ですが、同じ穂の中に黄粒と白粒の混じったバイカラー品種も人気があります。

↑生食用の甘味種であるスイートコーン（写真は黄色粒種の「おひさまコーン」）。

↑黄粒と白粒の混じるバイカラー種（写真「カクテル84EX」）。

作型に関連する作物特性

スイートコーンは日長の影響は少なく、適当な温度と水、それに十分な日照が必要です。今までほかの作物では日照に触れませんでしたが、それは普通の日照で十分な野菜が多かったからで、トウモロコシはC4植物と呼ばれ、ほかの植物より格段に多くの光を利用することができます。トウモロコシの適応気温は全生育期間を通じては22～30℃と広くなりますが、茎葉の生長期には高温がよいものの、雌穂の充実、収穫期は冷涼を好み、夜温は15℃くらいが適当で、特にスイートコーンは収穫後の鮮度維持が極めて大切でかつ難しい植物ですので、ほかのトウモロコシよりも冷涼期の収穫が望まれます。

トウモロコシの大産地であるアメリカの主要生産地帯（コーンベルト）は北緯40～45度（日本では盛岡から北海道北端）で、スイートコーンの良質生産地はその中でも北側に多いようです。

主要作型と特徴

図21-2にスイートコーンの国内における周年栽培の骨格を示しました。

収穫期間が短いなどの差はありますが、真夏の収穫を寒地に、真冬の収穫を亜熱帯に頼ることにより、国内で露地による周年生産が可能になっている点で**図21-1**のサヤインゲンに似ています。

↑収穫期は冷涼な気候が望まれるスイートコーン（写真「ランチャー82」、北海道、8月）。

①露地早まき栽培

露地といっても**図**に示した播種期はマルチを前提としています。発芽に20～28℃を要し、低温ほど発芽が遅延するので、5月以前の播種ではマルチの使用が必要です。北に行くほど播種期が遅くなり、北海道などの寒地では**図③**の露地抑制につながる一連の露地栽培になります。

②早熟栽培

温床利用の移植栽培も可能ですが、**図**ではマルチに加えてトンネル内での直播を取り上げています。①の露地早まきよりもトンネルで1カ月程度、ハウスを利用すれば2カ月程度収穫を前進できます。

③露地抑制栽培

気温降下期に収穫する栽培で、北海道の後期露地栽培に始まり、秋の遅い暖地ほど遅くなります。スイートコーンにとっては冷涼期収穫であり、作りやすい作型です。

最下段に沖縄における越冬栽培を記しました。日本ではスイートコーンの冬の消費は少ないのですが、沖縄のおかげで日本での周年栽培が成立しています。

果菜類(3)

スイートコーンの作型は、夏季の高温期は寒地で、冬季には亜熱帯地で収穫することによって国内での露地周年栽培が成立しています。

図21-2　スイートコーンの基本作型と地域別作期（マルチを含む露地栽培のみ）

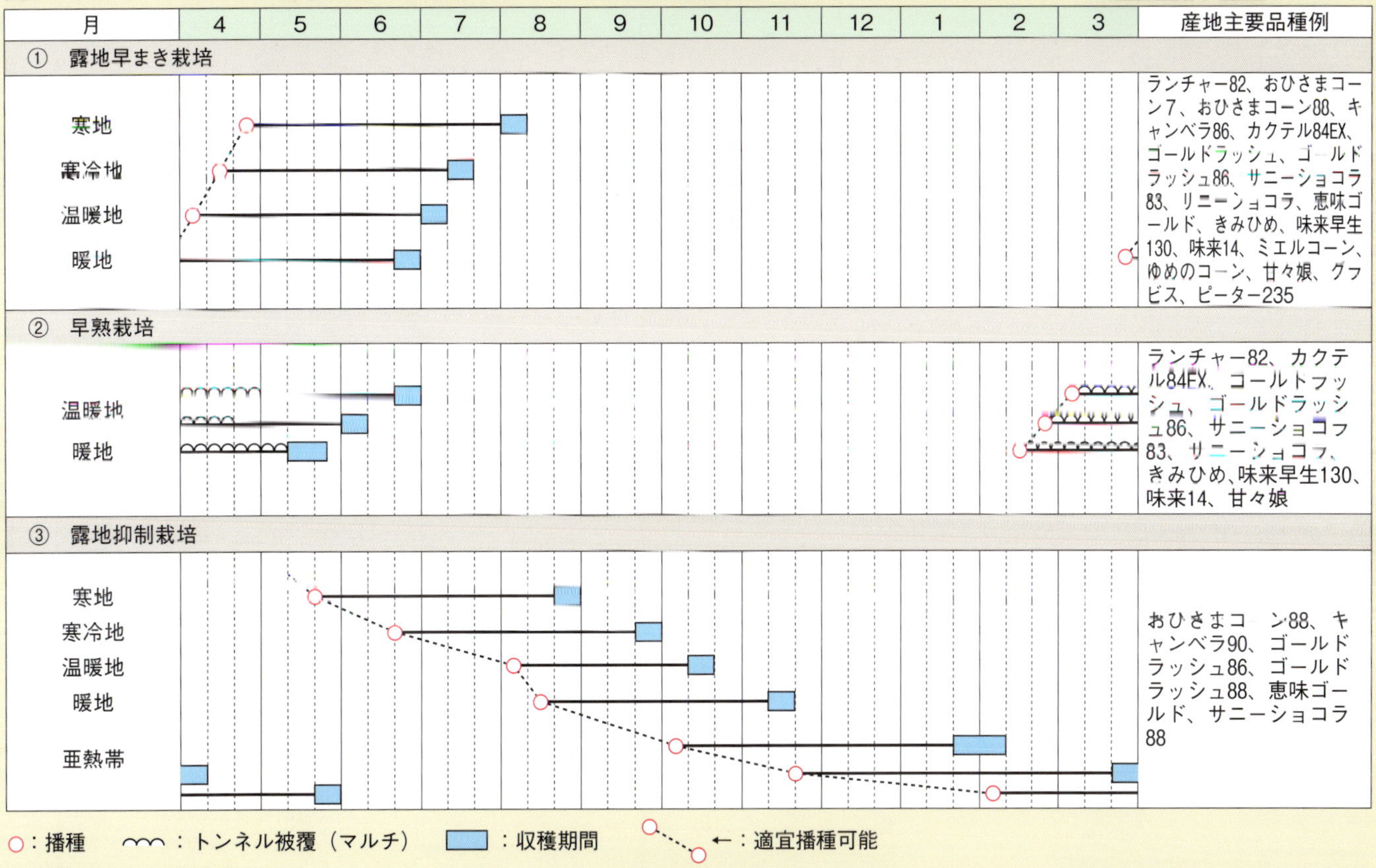

オクラ

アオイ科の植物で、アフリカ東北部の熱帯起源といわれ、熱帯地方では古くから利用されたようですが、Jones & Rosa（1928）によればアメリカには奴隷として連れてこられた人たちが「ガンボ」という名前で持ち込んだとのことです。

植物の形態は省略しますが、直立する茎から節ごとに果実をつけ、旺盛に生育させ適期（幼果）収穫を続ければ長期間収穫できます。数株植えておけば毎日同じ数が収穫できるのでご家庭菜園には最高です。トマトを始め果菜の多くは茎を茂らせすぎないよう灌水・施肥に注意がいるのですが、オクラは自由に生育させてよく、摘芯・整枝などの技術はいりません。ただ茎葉に痒いような剛毛があり、大規模生産の農家は苦労するようです。くれぐれも注意することとは毎日若果を収穫することで、大きくなりすぎるまで放置すると栄養が果実肥大に優先利用されて茎の生長が止まり、いったん止まると回復できません。

熱帯原産で日長の影響もなく、環境といえば高温だけです。

←露地抑制栽培（写真「キャンベラ」シリーズの収穫、7～8月、岩手県）。

→早熟栽培（写真「ランチャー82」の収穫、6月、愛知県）。

主な作型

温暖地では露地早まき栽培で、6～10月収穫、寒冷地では収穫期間を確保するためにはトンネルなどの早熟栽培が要求されます。

沖縄では周年栽培が可能で、海外からの輸入も増えているようです。

↑温暖地では6～10月収穫となる（写真「グリーンソード」の収穫、4～7月、鹿児島県）。

22

果菜類(4)

ウリ科野菜

キュウリ・メロン・カボチャ・スイカ

キュウリ

インドのヒマラヤ山麓に起源をもち、東は中国に伝播し、華南と華北で別々に生態分化しました。最も顕著な差が雌花着花性の日長反応です。

キュウリの雌花率

キュウリは雌雄異花で、果実をつける雌花が大事です。雌花をつける葉腋（節）の率が高いと、短い茎に多くの果実をつけるので、支柱による立ち作りが可能で、集約的な栽培ができます。雌花節の多いことを一般に（高）節成り性と呼びます。

華南系と華北系の最大の違いは、節成り性に対する日長の影響の有無です。

華南系キュウリは、短日下では選抜により節成り性を高めることができますが、長日下では節成り性を高められず、長日下の夏作では立ち作りは無理で、畑に這《は》わせて果実をまばらにつける地這い栽培が主でした。

ところが華北系キュウリは雌花率に日長の影響を受けず、長日下で節成り性品種を作ることができます。そしてこの違いはたった一対の遺伝子に支配されており、華北系キュウリの日長不感受性は華南系キュウリの短日性に対して劣性です。ほかの形質でも華北系遺伝子は華南系に対して劣性であることが多く、突然変異は一般に優性から劣性の方向に起こるので、華南系がキュウリの原型で、突然変異の蓄積で華北系が分化したものと思われます。

両者の長日性の違いを生んだのは、華北と華南の気候差だと考えられます。華南は夏暑く、キュウリは果菜の中では暑さに弱いので、春~初夏の栽培が適し、花性が決定される若苗時はまだ短日なので、キュウリ本来の短日性で十分だったのでしょう。

一方、華北は乾燥地で、少ない降雨量の半分以上が7~8月に集中するので、夏を除くと水不足になり、夏の気温もそう高くないので、夏がキュウリの栽培に適します。夏中心の栽培になると、雌雄性が決定される幼苗時代は最も長日期にあたり、長日下でも雌花をつけることができる日長不感応性が必要となったのでしょう。

一般に華南の品種が低温に、また華北の品種が高温に強いのもこの作期のためと考えられます。

日本における両系の交雑育種

中国から日本への渡来は、まず華南系が1000年以上前に渡来しましたが、苦みなどのせいか、江戸時代までは評判のよい野菜とはいえなかったようです。明治以降に品種改良が進み、節成り性も改良されて、春まきでは早熟栽培から促成栽培まで施設栽培が進みました。しかし前述のように長日下の節成り性が低く、地這栽培が主でした。

一方、華北系は江戸後期から明治にかけて導入され、当初は移植に弱いなどの理由で夏の直播栽培などに限定されましたが、華南系との自然交雑により、両者の長所を併せもった品種が現れてきました。

昭和に入り、人為交配が進み、華北系の日長不感応の血が入った、長日下でも節成り性の高い「夏節成り」品種が育成され、短日下ではすでに華南系の節成り型品種ができていたので、節成り性品種による周年栽培は一応完了したわけです。

↑華南系キュウリ「半白節成」。果皮が厚く黒いぼの形質をもつ。

↑華北系の四葉キュウリ「鈴成四葉」。果皮が薄く果実がみずみずしく生食に向く。

華南系と華北系の果実形質

一般に華北系は、果皮は薄く、肉質がみずみずしく、歯切れがよく、生食に適しています。外観も濃緑色で光沢があります。これに対して華南系は、果皮が厚く、肉質が粘質で歯切れが悪いなど、生食向きには欠点がありました。

そこで、サラダなどのキュウリ需要が増えるとともに、華南系が主であった短日下での栽培でも華北系の血が増え始めました。華北系の欠点である根群の弱さはカボチャ台木を使った接ぎ木でカバーされたのです。

品種形態の画一化

華南系と華北系の交替時に、華北系の血の入った品種を市場で簡単に区別できるマーカーとして果実表面の刺（いぼ）の色が取り上げられ、従来の華南系を〝黒いぼ〟、華北系を〝白いぼ〟と呼ぶようになりました。

また果実表面にブルームと呼ばれる粉（ブドウと同じ）のない方が光沢がよいというので、白いぼ・ブルームレスキュウリが市場を占めるようになりました。

このような経過で現在のキュウリはほとんど同じ外観で、果実の大きさも重さ100g程度、長さ20㎝強です。これは熟果の半分以下の大きさで生長の最盛期です。この若さが生食に適するのです。

このように店頭では年中同じに見えるキュウリですが、過去何千年をかけて中国の南北で別々に発達した両群をわずか100年足らずの間に日本で融合した、新しい品種群なのです。品種改良の力を認識いただければ幸いです。

作型に関する作物特性

生育環境

適温は昼温が25～28℃、夜温が13～17℃とされ、施設栽培での夜温は最低12～13℃を保ちます。霜には一度遭うだけで枯死します。また乾燥も嫌います。

収穫開始までの日数と収穫期間

播種から収穫まで45～60日で、ほかのウリ科およびナス科野菜に比べてはるかに早く収穫できます。若どりして連続収穫しますので、3～4カ月程度は収穫を継続できます。

主要作型と特徴

温暖地における基本作型を図22－1に示しました。寒・寒冷地や暖地の作期は気温に応じて前後します。作型名は80ページの図20－1に準じます。これまで普通栽培と呼ばれて

早熟栽培（露地植え）

↑キュウリでは最も一般的な夏秋作(写真「Vシャイン」収穫、岡山県、7～8月)。

抑制栽培

↑8月以降の気温下降期に収穫する。ハウス栽培が一般的（写真「京しずく」収穫、8月下旬～9月中旬、福島県）。

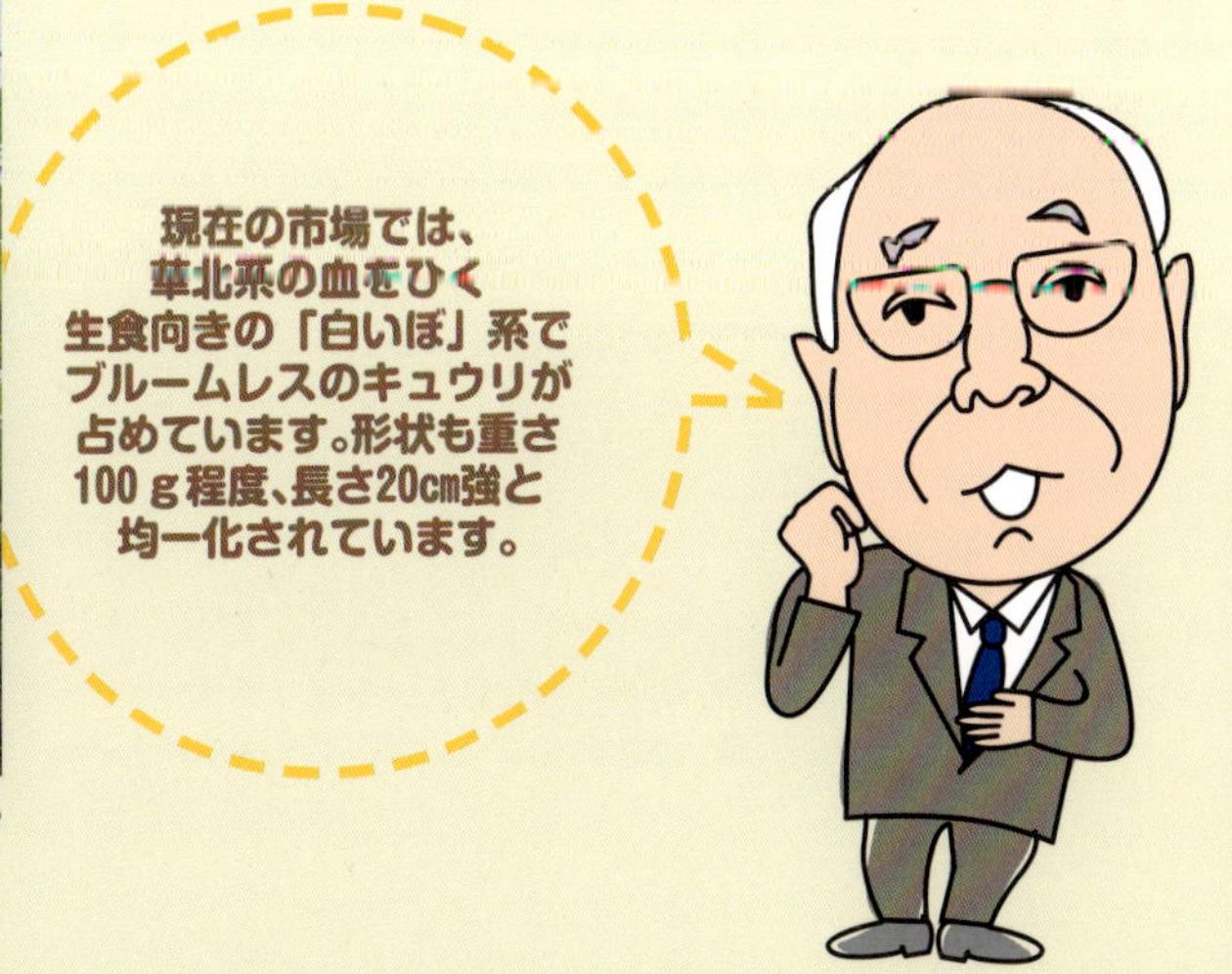
現在の市場では、
華北系の血をひく
生食向きの「白いぼ」系で
ブルームレスのキュウリが
占めています。形状も重さ
100ｇ程度、長さ20㎝強と
均一化されています。

図22-1　温暖地におけるキュウリの基本作型

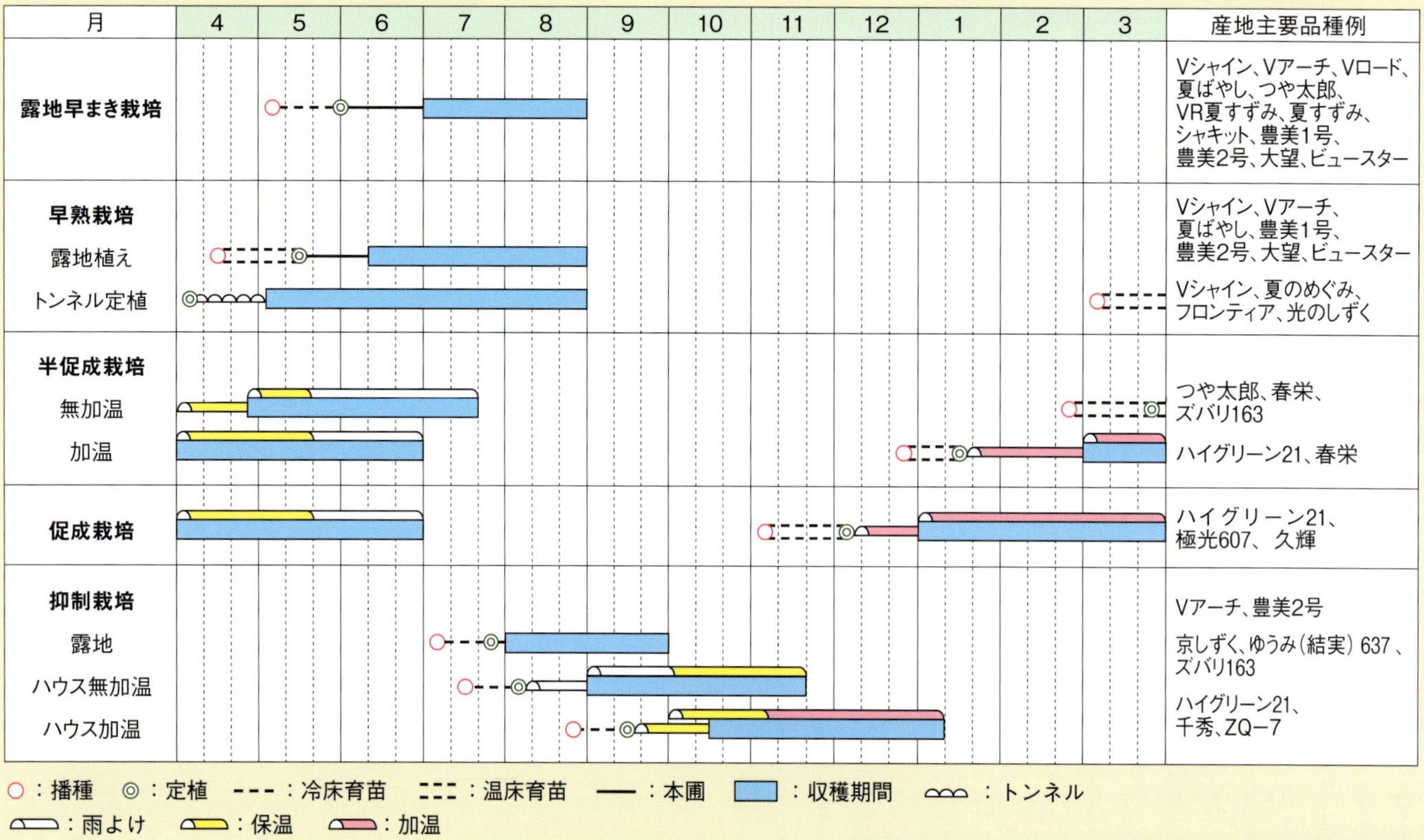

いた**露地早まき栽培**はトマトより収穫開始の早いキュウリでは、何とか成立しますが、やはり次の**早熟栽培**（**露地植え**）が一般的な栽培でしょう。以後、**半促成**から**促成**と進みます。

抑制栽培は8月以降の気温下降期に収穫するもので、露地栽培では9月末で収穫を打ち切らねばならないことから、ハウス抑制が一般です。ハウスは高温期には雨よけ用に役立ちます。

メロン（西洋メロン）

多くの変種がありますが、ここではネットメロン（網メロン）のみを取り上げます。

ネットメロンの最高級品種として〝アールスフェボリット〟（伯爵のお気に入り）があります。ちなみに伯爵をアールと呼ぶのはイギリスだけです。日本には大正時代に導入され、光・温度・湿度などを精密にコントロールした温室でしか栽培できないので、温室メロンと呼ばれます。〝プリンスメロン〟で西洋メロンへの急傾斜が始まると、究極をねらうのは当然で、その後ほかの変種も素材としながら育種が進められ、温室メロンに近い品質をもちながら多湿に耐え、プラスチックハウスで栽培できる〝ハウスメロン〟と呼ばれる品種群が育成されました。

〝プリンスメロン〟など、マクワウリの血の濃い品種を〝露地メロン〟と呼ぶことがありますが、トンネルなどの簡易被覆が多く、本当の露地栽培は少ないようです。

急に消えた東洋メロン

メロンはアフリカの乾燥地起源といわれますが、世界中に分布し、多くの変種があります。

日本のマクワウリは東洋メロンと呼ばれる変種の一つで、水稲農耕の開始した弥生前期には存在し、万葉集に出てくる「瓜食めば子ども思ほゆ……」の瓜はマクワウリのことです。江戸時代まではウリといえばマクワウリでした。その後甘さも向上し、重要な果物の地位を維持していましたが、1962年に西洋メロンとの交配品種‘プリンスメロン’が発表されて以降、純粋の東洋メロンは急速に姿を消しました。現在は栽培されていない作物ですが、その歴史に敬意を表して記します。

←マクワ「金太郎」。1960年代まではウリといえば「マクワ」のことだった。

作型に関する作物特性

適温は25～30℃、夜温も15～20℃と高温性で、空気・土壌ともに多湿を嫌います。

温室メロンの作型と特徴

「アールスフェボリット」を用いた精密栽培です。温室構造も採光に工夫した屋根だけでなく、排水・保水の容易な隔離床利用が一般的となります。こうした専用温室を用いた周年栽培で、着果節位を調節するため、春夏秋冬別に、アールスフェボリット」内の分離系統が用いられています。

ハウス・露地メロンの作型と特徴

作型名は図20－1（80ページ）をご参照ください。

露地早まき栽培や**早熟栽培**の露地植えはほとんどありません。

早熟栽培（トンネル定植）は露地メロン群を利用します。

促成・半促成栽培と**ハウス抑制栽培**にはハウスメロン群が利用されています。

↑主にトンネル定植で行われる（写真「パンナ」5月定植、7月下旬～8月収穫、山形県）。

↑ハウス利用が一般的（写真「レノン」12月定植、5月収穫、熊本県）。

カボチャ

カボチャと呼ばれる野菜は3つの植物種を含み、西洋カボチャ、日本カボチャおよびペポカボチャです。

3種ともアメリカ大陸起源ですが、西洋カボチャが中央高原起源で冷涼・乾燥を好み、日本カボチャは中・南部低地起源で高温・多雨に耐え、ペポカボチャは中間的です。

日本カボチャは大変作りやすいカロリー源野菜であることから、江戸時代から第2次大戦まで食糧不足対策にも使われた貴重野菜でした。しかし、1960年ごろから食味がよく栄養価でも勝る西洋カボチャに圧倒され、今ではわずかに和食料亭で営業用に扱われるくらいです。

西洋カボチャの作型

起源地を反映し冷温性で、適温は昼温が20～23℃、夜温が10～15℃で多湿を嫌います。そこで高温期の栽培はほとんど北海道が占めます。低温期の施設利用はというと、温床を除くとトンネル程度でハウスはほとんどありません。

貯蔵・輸送が容易なので、1～5月の需要は沖縄のほか南半球を含む海外からの輸入に頼っている状況です。したがって作型は**早熟（露地植え）**、**早熟（トンネル定植）**、**露地抑制栽培**などです。

↑高温期の栽培のほとんどを北海道産が占める（写真「ほっこり」収穫、8月、北海道）。

ほかのカボチャの作型

日本カボチャは営業用に小規模ながら、またペポカボチャの一種であるズッキーニ（イタリア語）は未熟果利用で、貯蔵・輸送が困難なので、促成からハウス抑制まで周年作型が存在します。

スイカ

スイカは野生植物としてアフリカ砂漠地帯に分布し、中央アジアなどの乾燥地帯に水替わり作物として栽培化が進み、日本には15～16世紀に導入され、短期間に普及しました。

起源・発展地を反映して、高温、多日照、乾燥条件を好み、土壌も通気性を求めます。

5～8月が総生産量の90％を占め、出荷用作型は**早熟栽培（トンネル・ハウス定植）**が一般的です。雨を嫌うので、保温の必要がなくなっても雨よけとして被覆を続けたいので、小トンネルより大トンネルが、さらにはハウスの方がよく、**半促成栽培（無加温）**に進みます。暖地には促成栽培も小規模ながらみられます。

↑5～8月が総生産量の9割を占めるスイカ（写真「紅まくら」収穫期、7月中旬～8月、秋田県）。

23

果菜類(5)

ナス科野菜

トマト・ナス・ピーマン

いよいよ最後はナス科野菜です。トマト、ナス、ピーマンがあり、前回のキュウリと並んで、一年中鮮果の供給が要求される代表的な果菜なのですが、本著の題名である『野菜の作型と品種生態』からみると、品種依存度が比較的低く、施設依存型の作型になります。

前回に述べたキュウリは花成（雌花率）に日長が影響していましたが、ナス科果菜の花成は日長の影響を受けず、作型を支配する環境要素は温度のみです。そこで作型区分はいつ、どのように保・加温するかという単純なものになります。

またナス科果菜はウリ科に比べて茎が強く、伸長茎を1本～数本に絞り、側枝を適宜摘芯して、茎の伸長を継続させることによって、収穫期の延長が可能で、環境と管理が良好であれば一年一作の長期作型も不可能ではありません。

トマト

起源と生態

原生地は南米アンデス山脈と太平洋に挟まれたベルト状の高地で、気候は冷涼・寡雨です。

日本には17世紀ごろ導入されましたが、実際に栽培が広まったのは昭和に入ってからで、極めて新しい野菜です。

作型に関連する作物特性

生育温度

適温は昼温が25～28℃、夜温が15℃程度、暑さを嫌い、特に夜の冷涼が重要で、日本の温暖地以南では越夏栽培が困難です。

冬季施設栽培での夜温は12～13℃を維持します。

その他の環境

十分な光が必要で、特に施設栽培では着果部に光が当たるよう、品種、草姿や整枝・摘葉に工夫します。

起源地の寡雨を反映して降雨・多湿を嫌うので、高温期でも雨よけ被覆が効果的です。

作型と品種

日本の大玉品種

生育適温などの品種間差は少ないのですが、果実品質、病虫害抵抗性、草姿などにより、それぞれの作型に適した品種が選ばれています。

日本では大玉（200g以上）のピンク色品種が主体ですが、欧州などの品種は赤色が主で、黄色の品種もあります。トマトの色は赤色のリコピン、黄色のカロテンなどがあり、ピンク色果実は果肉のみにリコピンを含み、表皮は色素を含みません。これに対し、赤色果実は果肉にリコピン、表皮にカロテンなどの黄色色素を含みます。

「桃《もも》太《た》郎《ろう》」の登場

日本の大玉ピンク色品種はアメリカから導入されたもので、消費者の口に格段においしいトマトが入るようになったのは、'桃太郎'（タキイ種苗、1985）品種の功績です。それまでのトマトは果実が軟弱で、熟してから収穫すると出荷中に傷んでしまうので、青い実のうちに収穫せざるをえず、当然味が落ちました。

'桃太郎'は果実が丈夫で、荷傷みしにくく、熟してから収穫できるので、"甘熟"トマトとして市場を席巻、その後ハウス栽培用や各種耐病性の同系品種が育成され、完熟トマトの周年生産が可能になっています。

ミニトマトとミディ（中玉）トマト

ミニトマト（15～25g）も当初から導入されましたが、最近はミディトマト（中玉、40～50g）も増えています。オランダ、イギリスなどではトマトは温室作物で、ミディにあたる品種が大部分です。日本にも大正時代にイギリスから赤色品種が導入されましたが、アメリカから導入された大玉ピンク色品種の方が味がよいということで、赤色のミディ系は普及しなかったわけです。前述のように、赤色とピンク色の差は表皮色素の有無だけで、品質とは本質的に関係ないと思われますが、進化段階で他形質との連鎖も考えられます。

そのミディが最近復活している原因として、少心室のミディの方が多心室の大玉より不良環境下の着果・整形肥大に有利ですので、日本式にピンク色の品種も育成され、食変化にも対応して出回り始めたものと考えられます。

↑日本の大玉トマトを革命的においしくした「桃太郎」。アメリカから導入されたピンク色品種の代表格。

↑近年、栽培が増えてきた果重40～50gのミディ（中玉）トマト（写真「フルティカ」）。

主要作型と特徴

作型はいつ、どのように施設を使うかで決まる単純なものです。

80ページの図20-1に作型全体の模式図を示しましたが、**95ページの図23-1（1）**は温暖地のみに限定して、主要作型の作期を示しました。ほかの地域での作期は地域気温により1カ月程度まで前後します。

前述のように多湿を嫌うので越夏には雨よけ用にハウスを使うことになり、早春や晩秋の低温にも使えますので、**図中（1）Aのハウス雨よけ栽培**は本圃期間の大部分が気温的には露地条件にあたるという意味で、早春や晩秋には保温の効果を果たし長期作型になっています。

図中（1）Bのハウス利用栽培では**図20-1**を簡略化し、**半促成栽培**と**ハウス抑制栽培**は無加温のみ取り上げ、加温は**促成（長期）**に一括しました。理由はハウス利用当初の昭和30年代には仮設的なパイプハウスが主体でしたが、基礎つき大型ハウスが増加し、常時利用されるようになりました。そこで短期利用より長期利用の作型が有利となり、その代表として促成（長期）を取り上げたわけです。半促成（加温）やハウス抑制（加温）の作期も促成（長期）の加温期間から推定できると思います。雨よけ利用期を含めると、促成栽培（長期）はほぼ周年のハウス利用になります。

↑産地では主にハウス雨よけで栽培されている（写真「桃太郎セレクト」、8月、広島県）。

ナス

起源と生態

インド起源といわれますが、古来より東南アジアに広く分布し、日本でも奈良時代には記録が残っています。利用様式も多く、先にダイコンを日本の根菜といいましたが、ナスは日本の果菜といえる存在です。昔は多様な品種があったこともダイコンと同様で、『地方野菜大全』（農文協、2002年）にもダイコンに次ぐ数の品種があげられています。しかし現在は、全国ほぼ中長形品種が主流となり、形態的に類似化している点もダイコンと同様です。

作型に関連する作物特性

花成と日長

ナス属は本来短日性植物で、私が農試時代に台木として導入したトルバム種は、秋深くならないと開花しないので冬にかかり採種できず、石垣島で採種を依頼していました。しかし、現在の栽培ナスの花成は日長に影響されず、作型を支配する環境は気温で、水も重要です。

生育温度と水

適温は昼温25～30℃、夜温20℃と、トマトに比べて明らかに高温性です。一時的な耐性はさらに強く、低温は7℃程度、高温は40℃まで耐えます。

ナスは水で育つといわれるほど水分を要するので、水田作に適します。

強健な茎と根

熱帯では潅木性の多年草となるほど剛健な茎で、根は栽培終了後、株を手で引き抜きがたいほど張っています。暑さに強いこととあいまって、トマトと違い越夏が容易です。

主要作型と特徴

図23－1（2）に温暖地における作型と作期を示しました。トマトと違う点は、幼果収穫のため、定植から収穫開始までが早いこと、また熟果収穫に比べて茎の負担が少なく、越夏が容易なために、露地を中心とした栽培で、温暖地のみでも5月中旬～11月上旬まで収穫できます。あとはトマト同様、促成栽培でカバーします。

↑ナスは水分を多く必要とする作物なため、地域によっては畝間に水を張って栽培する圃《ほ》場もある（写真「とげなし千両二号」収穫期、6月下旬～11月、京都府）。

ピーマン

起源と生態

植物名はトウガラシで、メキシコ南部の平地起源とされ高温性です。日本には16世紀に導入され、急速に普及しました。トウガラシは小さく辛い品種から大きく甘い品種まで広く含まれ、その呼称も日本だけでなく海外でもさまざまです。

日本で現在ピーマンと呼ばれている甘み品種群は世界的には独特の中肉から薄肉の中型品種で、在来の薄肉品種と明治以降導入の厚肉品種の交雑から育成されたものです。これを未熟の状態で連続収穫します。

最近はスーパーなどでパプリカを一年中みかけます。熟果を収穫する赤、黄、緑ほかの大厚肉ピーマンですが、現在は後述のようにほとんど海外から輸入されているようなので、ここでは省略します。なおこれをパプリカと呼ぶのはおそらく日本だけで、本来のパプリカはハンガリー産のピーマン品種で、その乾果または加工品もパプリカと呼ばれます。

作型に関連する作物特性

生育温度

ナス科野菜の中で最も高温性で、適温は昼温28～30℃、夜温23℃程度ですが、低温にも高温にもナスほどの耐性はありません。

ナス同様、熱帯地域では多年草となり長期栽培に耐えますが、ナスほど強くなく、水分を要するものの過湿には弱いので、管理には注意を要します。

主要作型と特徴

図23－1（3）に温暖地における作期を示しました。ほとんどナスと同じですが、定植時期やトンネル除去期はナスよりやや遅らせる方が安全です。

↑「京ゆたか」の収穫、3月、宮崎県。

今後の施設動向

施設（ハウス）の高度化

これまで日本のハウスの大半を占めてきた小型の簡易ハウスは、葉根菜やマメ類などの作期拡大に不可欠のもので、今後も必要でしょう。

一方、トマトのように年間を通じて施設で栽培される作物では、施設の高度化が望まれます。生産性のみならず作業の快適性を高めることが必要です。模範としてあげられるのがオランダの温室です。まず大きさです。広いだけでなく棟丈が高く大容積です。内部機器も高度で、温度調節、光調節、養液栽培、二酸化炭素供給およびこれらのＩＴ集約制御があげられます。中でも養液栽培はロックウールというスポンジ状の織

図23-1　温暖地におけるトマト・ナス・ピーマンの主要作型と標準作期（作型名は図20-1参照）

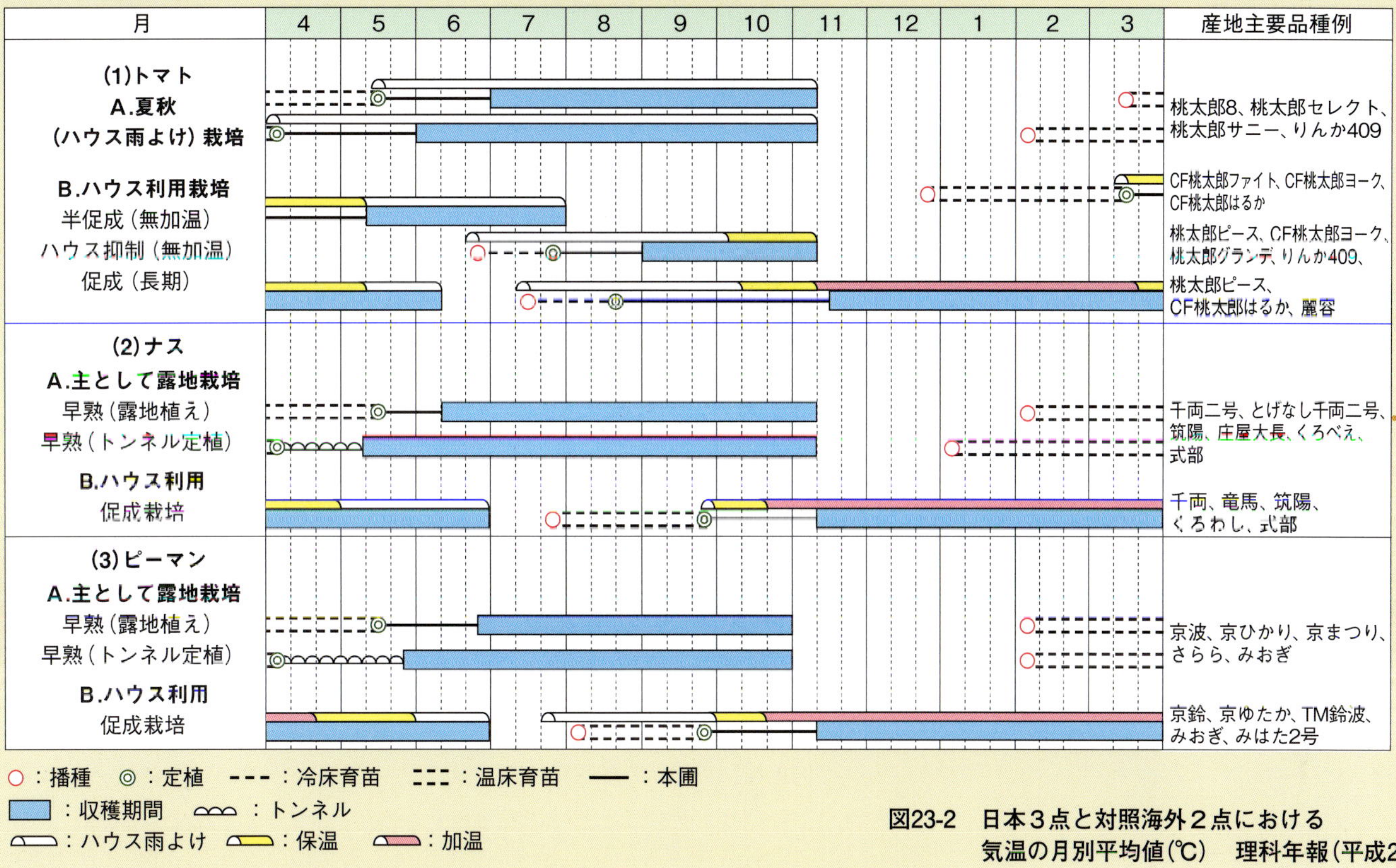

図23-2　日本３点と対照海外２点における気温の月別平均値(℃)　理科年報（平成27年）

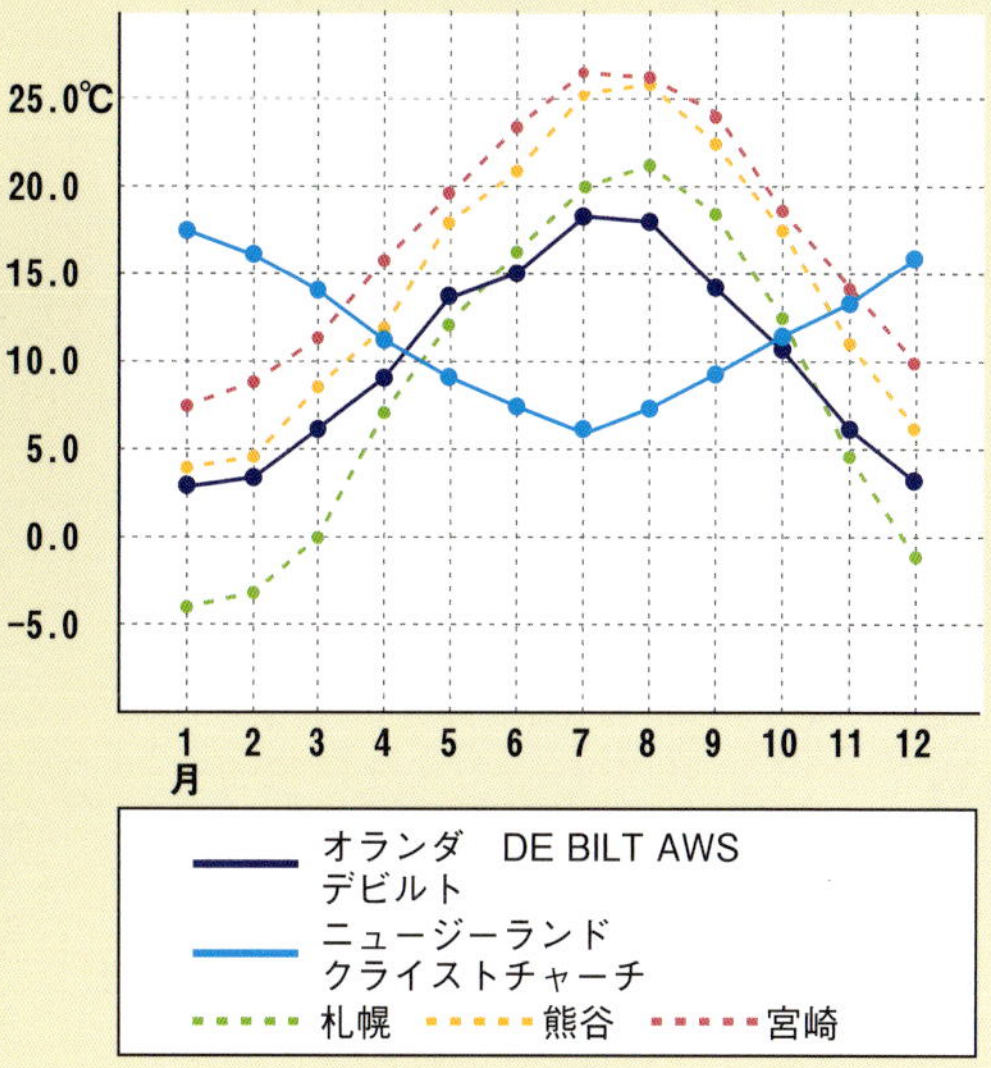

維を培地としますが、保水力が高く、養水分の水準を随時に調節することができます。

施設栽培の限界
～産地のグローバル化へ

ところで前述のパプリカの産地についてですが、私がスーパーで見たパプリカは暖かいうちはオランダ産や韓国産となっていましたが、肌寒い季節になるとニュージーランド産に変わっていました。そこで両地の気温を比較したところ**図23-2**のように、オランダとニュージーランドでは見事に対照的に寒暖が逆転しています。

このことからわかるのは、いくら施設が高度化しても、太陽光に頼る限り、経済的運転は施設所在地の自然気候に制約されるということです。

本書では日本国内における周年生産を主として述べましたが、輸送に空輸が加わると、作型もグローバル化せざるをえません。

その点、日本での温室の経済的運用はそれほど容易ではないでしょう。オランダは北緯50度以上にもかかわらず、メキシコ湾流と偏西風のおかげで、**図23-2**に示したように年間の温度差が少ない温暖な気候です。トマトのような冷涼果菜では、日本での夏季温室運用は経済的に無理と思われるからです。またパプリカのような高温果菜の低温期の栽培は、オランダ同様南半球での生産にとって代わられるでしょう。

植物工場的自然克服ではなく、自然気候の影響の残った高度温室の利用に当たっては、単作物・単作型にとらわれず、生育相的リレー栽培、他作物との輪作もとりいれ、温室を流動的に利用するなどの発想もとりいれたらと思います。

ご通読ありがとうございました。

著者紹介
山川 邦夫（やまかわ・くにお）
1933年生まれ。1955年、東京大学農学部卒、同年農林省入省。九州農試など経て1988年、野菜・茶業試験場長、1992年同省退官。その後、タキイ研究農場長、同園芸専門校長を務め、2004年退社。農学博士（東京大学）。
主な著書に、『野菜の生態と作型』（2003年、農文協）ほか

基礎からわかる！
野菜の作型と品種生態

2016年1月15日　第1刷発行

著者　山川 邦夫

発行所：一般社団法人 農山漁村文化協会
〒107-8668 東京都港区赤坂7-6-1
電話：03(3585)1141(営業)　03(3585)1147(編集)
FAX：03(3585)3668　振替：00120-3-144478
URL　http://www.ruralnet.or.jp/

ISBN978-4-540-15118-7
〈検印廃止〉

印刷・製本／大日本印刷(株)

定価はカバーに表示
乱丁・落丁本はお取り替えいたします。